JN064386

GMOの将来

持続的農業のための科学と植物育種

ローランド・フォン・ボスマー
トルビョン・ファーゲルストレム
ステファン・ヤンソン
佐藤 和広

三恵社

目 次

スウェーデン王立科学アカデミーから日本語版への序文

人類の食糧として使用される植物には、人類の文化と絡み合った興味深い歴史があります。有用植物の特性は、何千年にもわたって優秀な農家や植物育種家によって観察され、選ばれてきました。この歴史は伝統的に考古学によって明らかにされてきましたが、2022 年のスヴァンテ・ペーボ氏のノーベル生理学・医学賞受賞の業績である古代 DNA の研究手法のおかげでより明確になりつつあります。

エンドウの遺伝的特性に関するグレゴール・メンデルの有名な研究は 1866 年に発表されましたが、それらは 1900 年まで科学者には注目されませんでした。数十年後、植物の遺伝物質に変異を誘発する方法が導入されました。しかし、品種改良に変異を利用するためには、植物の何世代にもわたる面倒な選抜手順が必要でした。

植物の特性を改善するためのこれらの手順を知っている消費者はおそらくほとんどいません。私たちの毎日の食事では、キャベツやカリフラワーなど *Brassica oleracea* 種のさまざまな変種が示す幅広い特性など、料理に並ぶ食品の背後にある遺伝学の法則や生理学の分子機構について考えることはほとんどありません。それらの特徴の背後にある詳細な遺伝的背景と生化学を解明できるようになったのは、つい最近のことなのです。

おそらくこの知識の欠如が、植物遺伝子を改変する現代の技術を前にして、多くの消費者をためらわせている原因であると思われますが、現在ではこれまでよりもはるかに高い精度で植物遺伝子を改変できるようになりました。化学物質や放射線で植物に変異を起こし、その後必要な特性を示す個々の植物を選抜する古い方法は精度が低く、必然的に望ましくない特性が出現し、それが必要な特性と一緒に選ばれることになりました。

その後、ビタミン A を生成するいわゆるゴールデンライスなど、遺伝子導入によって植物に新しい特性を与えることが可能になりました。さらに、外来 DNA を不活性化できる細菌の免疫機構から、科学略語で CRISPR/Cas9 という、DNA を正確に切断する画期的な「遺伝子用ハサミ」が発見されました。このシステムは、2009 年にスウェーデンのウメオ大学のエマニュエル・シャルパンティエによって初めて報告され、彼女とカリフォルニア大学バークレー校のジェニファー・ダウドナによってさらに発展しました。この発見により、両氏は 2020 年のノーベル化学賞を共同受賞しました。CRISPR/Cas9 は、広範囲の生物において特定の遺伝子を改変する(ゲノム編集といわれる)多用途技術となるよう急速に開発されました。このおかげで、DNA のさまざまな変異を極めて高い精度で導入し、人間のニーズに合った植物品種をより迅速かつ安全に開発できるようになります。

分子遺伝学的手法で作出された植物は、通常「遺伝子組換え生物」を意味する GMO といわれますが、古い変異誘発と選抜方法で作出された植物品種も、もちろん遺伝子を組換えて作られました。

GMO に対する規制、および GMO の利点と潜在的なリスクの評価は、国によって大きく異なります。重要な点は、GMO の規制を決定した政治家も、一般大衆と同様に、知識が不完全であり、新しい分子遺伝学的技術によってもたらされる精度、速度、安全性の大幅な改善に気づいていなかった可能性が高いことです。幸い、新しい技術の利点は最終的に、環境に重点を置く非政府組織(NGO)だけでなく、いくつかの国の国会議員や立法議会の議員にも認識されつつあります。一部の NGO はこれまで、原則として、イデオロギー的信念に関連して科学的証拠を考慮することに消極的だったのです。

日本では、ゲノム編集技術を利用して生産される農水産物は、その手法に応じて区別されています。外来遺伝物質が導入されていない場合には、化学物質などによって生成された変異体と同じ安全基準が適用されます。最も国際的に注目されている製品は、遺伝子の機能を失わせて作られた GABA が豊富なトマトで、血圧を下げるために 2020 年に発売されました。ただし、その効果は被験者の適切な対照群でまだ実証されていません。このトマトは、2023 年 7 月時点日本で生産されている 7 つの遺伝子改変製品のうちの 1 つです。

政策立案者が十分な情報に基づいて決定を下すために、そして一般大衆が問題となっている事案についてより深い理解を得るために、植物 GMO の現代的な開発の方法と仕組みに関する事実情報が最も必要とされています。新しい分子生物学的手法に対する国民の理解を高めるために、スウェーデン王立科学アカデミーは 2010 年に、植物の改変と育種に関する新旧の手法を説明し比較する使命を持つ専門家グループを任命しました。2015 年には、植物生理学、細胞生化学、分子生物学に関する新しい知識に基づいて、現在の高精度技術に至る、何世紀にもわたる植物育種法の歴史的概要を説明する本が出版されました。その日本語への翻訳である本書は日本の読者向けに編集されています。対象とする作物は、地質学的、気候的、文化的な理由から地域によって異なる場合がありますが、科学自体は国際的な取り組みであり、科学的知識と進歩は人類すべてに利益をもたらし、またそうすべきです。

原著『Beyond GMO』が日本語に翻訳され、日本の読者向けに編集されたことを嬉しく思います。本書が、農産物の品質と供給に貢献する植物品種の現代の開発手法についての理解を深めることに役立つことを心から願っています。

最後に本書の情報をより多くの読者に広めることに貢献していただいた著者、同僚、翻訳者に感謝申し上げます。

2024 年 1 月ストックホルムにて

スウェーデン王立科学アカデミー元会長(2018～2022)
ダン・ラーハマール（Dan Larhammar）分子細胞生物学
スウェーデン王立科学アカデミー会長
ビルギッタ・エンリケス・ノーマルク(Birgitta Henriques Normark)
臨床微生物学
スウェーデン王立科学アカデミー事務局長
ハンス・エレグレン（Hans Ellegren）進化生物学

著者序文

本書は当初スウェーデン語で出版され、次いでスペイン語版が出版されました。この日本語版は英語訳をもとに、日本の事情を考慮して加筆・修正を加えたものです。

農業の発展は将来にわたって極めて重要な地球規模の課題です。環境への負荷を増大させずに、持続可能な発展に貢献する研究成果を実用化するにはどうすればよいでしょうか。また、高収量、優れた品質、干ばつ、塩害、その他のストレスに対する耐性、または様々な病気に対する耐性を備えた植物の新品種を開発するための最良の方法は何でしょうか?本書が植物育種の歴史と方法、遺伝子組換え作物やゲノム編集作物に関する世界的な動向を解説することで、これらの疑問に何らかの答えを示すことができれば幸いです。

本書の骨格は、欧州連合における科学技術の規制、社会的、政治的判断についてですが、この内容は現在の日本と世界の複雑な状況を知る上で重要です。現在、日本では遺伝子組換え作物はほとんど栽培されていませんが、食卓に並ぶ製品の多くに遺伝子組換え作物が使われています。本書においては、議論するのではなく説明し、植物育種と現代の遺伝子科学に関する議論を、農業、社会、科学技術の役割に関連する広い背景で考えることを試みました。

本書の出版にあたって、生物科学とその応用に関する研究に支援と激励をいただいたスウェーデン王立科学アカデミーに感謝いたします。

2023 年 12 月スウェーデンおよび日本にて

ローランド・フォン・ボスマー
トルビョン・ファーゲルストレム
ステファン・ヤンソン
佐藤　和広

著者略歴

ローランド・フォン・ボスマー（Roland von Bothmer）

スウェーデン農業大学名誉教授。専門は遺伝学、植物育種学および植物分類学。特に作物とその野生近縁種の遺伝資源を研究し、北欧圏ジーンバンク（NordGen）と世界種子貯蔵庫の運営にも携わる。スウェーデン王立科学アカデミーおよびスウェーデン王立森林農業アカデミー会員

トルビョン・ファーゲルストレム（Torbjörn Fagerström）

ルンド大学名誉教授。専門は理論生態学。スウェーデンのテレビや主要新聞での生物学研究の広報活動に携わり、生物学、科学、社会に関する執筆著書多数。スウェーデン王立科学アカデミーおよびスウェーデン王立森林農業アカデミー会員

ステファン・ヤンソン（Stefan Jansson）

ウメオ大学教授。専門は植物生理学、植物遺伝学、植物細胞および分子生物学。ヨーロッパを代表する植物研究者の一人であり、植物研究の社会での役割に関する議論に多く参加。スウェーデン王立科学アカデミーおよびスウェーデン王立森林農業アカデミー会員

佐藤和広（Sato Kazuhiro）

岡山大学資源植物科学研究所教授。専門は植物遺伝育種学、植物遺伝資源学、植物ゲノム科学。我が国を代表するオオムギの研究者でナショナルバイオリソースのオオムギ課題管理者を務める。

1.私たちは農業を営んでいた…

あなたは一生、苦しんで大地から食物を取る。大地はあなたのために、いばらとあざみとを生じ、あなたは野の草を食べるであろう。あなたは顔に汗してパンを食べ、最後は土に帰る。

創世記3：17-19[堕落]

大多数の人は農業が食料を生産するためのものだと考えています。そして確かにそれが農業の当面の主な役割です。しかし、将来の農業はもっといろいろなことができるようになります。現在でも品種改良（育種）によって、以前の農業からは考えられないような作物がつくれるようになりました。たとえば、化石燃料に代わる作物、薬やビタミンを作る作物、塩が集積した土壌で育つ作物、河川への窒素流入を防ぐ作物、食べるだけで花粉症を緩和する作物などです。

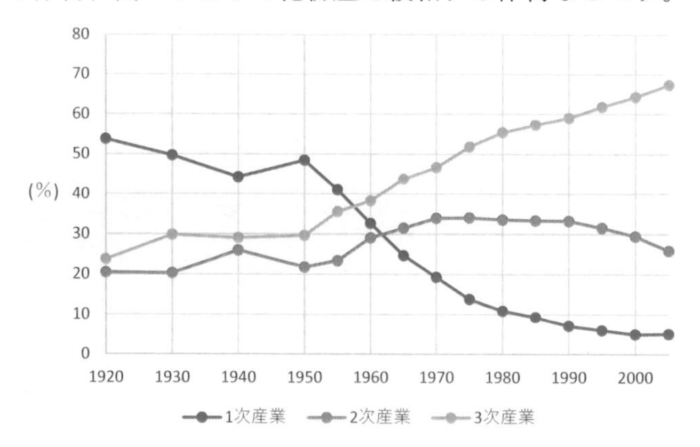

1.1.我が国の産業構造は、この100年間で劇的に変化しました。第一次産業で雇用されている人々の割合は、第二次大戦直後を除いて急激に減少しました（総務省統計局資料より作成）。この傾向はすべての先進国で同様です。

農林業は科学の進歩による恩恵を受けています。現代の農業には、少なくとも製薬やITなど、知識集約型の他の業種と同じくらいに科学技術が必要です。過去200年間で、植物の機能、植物の病気や雑草の管理方法、土壌の栄養素や水の利用などの科学的知識が蓄積されてきました。作物の栽培と加工の技術開発は、他の業界と同じように進歩し、産業革命以前からは想像できないほど生産性が向上してきました。

1.2.バンクラデシュムルー族のイネの収穫風景。写真：ウィキメディアコモンズ

1.3.中国、四川省では今でも道具を使った手作業でイネを脱穀します。写真：Roland von Bothmer

工業化以前は、人口の大部分が農業に従事していました。我が国では、100年前には2700万人あまりの就労人口のうち半数以上が農業を主体とする第一次産業従事者でした。しかし、1960年には、それが30%ほどになり、今日では人口のほんの数パーセントしか従事していません。

1.4.現代のコンバイン。写真：ウィキメディアコモンズ

技術の進歩によって、時間当たりの生産性（平均的な労働者の１時間あたりの成果）が増大し、面積あたりの農業生産性は向上しました。それは1.2〜1.4が示すとおり、農地から稔った穀物を収穫し、乾燥するのに必要な労働時間の変化に表れています。

産業革命以前の農業では、穀物を鎌で刈って束ね、農場や納屋で乾燥し、それから脱穀して袋詰めしました。これらの作業には、穀物1トンあたり約250時間（6週間以上）かかりました。しかし、今日、コンバインはこれらすべての作業をこなして農地を一掃します。すなわち、穀物を刈り取り、即座に脱穀し、選別された穀物をベルトコンベアーで大きなタンクに入れます。大型コンバインでは、5分未満で1トンの穀物を処理できます。

第1段階 狩猟採集：1人/km²

第2段階 焼き畑農業：20人/km²（絵：Ero Jern efelt）

第3段階 肥料を使った農業：50人/km²

第4段階 肥料を使った集約農業：200人/km²

第5段階 営農団体による肥料を使った集約農業：600-3,000人/km²

1.5.さまざまな段階の農業が1平方キロメートル（100ヘクタール）あたり養える人数。写真：Urban Emanuelsson, Fotolia

農業技術の蓄積と進歩は、私たちが食物を得るために必要な単位面積の変化でも示されます。私たちの祖先が狩猟採集をしていたとき、1人あたり約100ヘクタールが必要でした。100万ヘクタールの土地で、約1万人の狩猟採集民を養うことができました。そして産業革命以前の農業では、1人あたりわずか2〜3ヘクタールが必要なだけになりました。一方、現代の農業では、耕地の約3分の1が作物栽培に使用されていますが、100万ヘクタールで150万人を養うことができます。1人あたり必要な面積は1ヘクタール未満にまで減少しました。品種改良（育種）は、この変化を可能にする科学技術や知識の多くを提供してきました。

現代の農業は、燃料、購入肥料、農薬などの外部資材を多く使用しており、河川、湖、海への肥料分の流出という環境に好ましくない影響ももたらします。ただし、科学技術を使えば、高い生産性を維持しながら、外部資材の集中的な投入がなく、より持続可能で、環境に優しい農業ができます。その秘密は分子生物学にあります。

IT は私たちの生活を根本的に変えました。私たちのほとんどは、デジタル化（つまり情報をコンピューターが理解できる 1 と 0 に変換すること）について漠然と理解しています。生物学においてデジタル化に相当するのは、微生物、植物、動物、およびヒトの DNA 配列情報の保存と処理で、これらは遺伝情報を決定します。この遺伝情報の応用の一つが、遺伝子工学を使った植物育種です。しかし、これは「分子生物学」の知識を利用した広大な技術分野の、ほんの一つにすぎません。

一般的な理解に反して、分子生物学は生物の操作ではなく、主に情報技術です。ヒトを含む生物の機能を理解することは、情報社会の重要な要素になっています。この知識革命がどのように発展するのか正確には誰にもわかりませんが、おぼろげには予想できます。10 年前、IT 業界の最大の命題の 1 つは、世界チェスチャンピオンを打ち負かすことができるコンピューターを開発することでした。ご存じのように、これはすでに達成されています。今日、分子生物学とゲノム科学は、生物種の全塩基配列の解析に焦点を当てており、コンピューターには重要な役割があります。遺伝子とその機能、さまざまな生物種の塩基配列、関連する生物種の変異に関する情報のデータベースは、進化と生命についての我々の見方を根本的に変えています。代表的な例は、「モデル植物」のシロイヌナズナの TAIR（アラビドプシス情報リソース）データベースです。これらの成果は、地球上の限られた資源を無駄にすることなく、人類に利益をもたらす社会を実現し、将来の課題を解決する上で重要な役割を果たすでしょう。

将来的には、一次利用する産物のみならず、石油化学や製薬の原材料など、農地と森林から新しい製品を生産できるようになります。たとえば頭痛薬は、アセチルサリチル酸（アスピリン）の含有量が高くなるように代謝を変化させた果物に置き換えることもできます。将来的には、都市環境に人工光合成を使用して太陽光を動力源とする巨大なバイオリアクターを設置し、合成生物学的システムによる植物栽培もできるかもしれません。また、第一次世界大戦以降は、塗料や繊維の製造など、主要な分野で使用される原材料の多くが石油に取って代わられましたが、戦前の状況のように、生物原料の使用が大幅に増加するかもしれません。合成生物学が提供する可能性は無限です。

しかし、このような生物学的知識の恩恵を十分に享受するためには、人々は科学全般、特に植物育種を活用する必要があります。そのための重要な条件は、遺伝子工学などについて、私たち自身が植物育種での使用目的を定め、その必要性を理解することです。植物育種は、時として、不吉で、人工的で、自然状態から逸脱したものと思われています。これは、自然なものがすなわち良いものであるかどうかという哲学的な問いをもたらすと同時に、私たち自身が育種目標を設定できるという可能性を排除しています。植物育種は、収量を増やす形質を変えたい場合は、それができますし、多少収量は減少しても伝統的な在来品種の特性を使うこともできます。大規模農業に適した作物を作りたいのであれば、それも可能ですし、小規模農業に適した作物を作ることもできます。そして、農業生産で病気や害虫の化学的防除をしたくない場合、育種で抵抗性を改善することもできます。このような可能性を実現するためには、現代の植物育種の技術を利用する必要があります。

1.6.小規模農業と大規模農業の両方があり、植物育種はどちらの作物にも適用することができます---私たちには選択肢があります。写真：ウィキメディアコモンズ

2.…そして再び農業を営む

生命科学は、20世紀の物理学や化学と同じくらい21世紀の社会に重要です。

生命科学の多くの分野が貢献を期待されています。これからの農業には、私たちの食糧をまかなって持続可能な社会をつくるだけでなく、できることがたくさんあります。

課題とチャンス

作物は光合成によって水、二酸化炭素、栄養素を複雑な有機化合物に変える化学工場に例えられます。細胞生物学および分子生物学の進歩によってその工程は管理できるようになり、様々な最終産物がつくれるようになりました。技術的には「石油からできるものはすべて、植物由来の油からつくることができる」ようになります。

生物科学の技術をつかえば、我々の世界的課題を解決できるかもしれません。気候変動問題に関する国際的な議論の中では、「グリーンセクター」といわれる農林業の役割が注目されています。つまり、バイオ燃料が化石燃料に取って代わり、大気中の二酸化炭素排出量を削減することへの期待です。その一方で、人口増加と生活向上のために、世界の農業は 2015 年に比較して 2050 年には現在の消費水準での食糧自給率を60パーセント以上増やす必要があります(OECD-FAO)。

林業においては、国際競争が激化して販売価格が下落しているものの、木材の需要は多様化し増えています。このため、従来の生産体制と提供品目を見直す必要があります。

森林や農地のすべての生産には、太陽光をバイオマスに変える植物の能力を効率的に活用する必要があります。私たちは、将来にわたって森林や農地から恵みを受け、より多くの飼料、繊維、食品、エネルギー、生物資材を得なければなりません。

2.1.森林は、北欧で利用可能な最大の生物資源です。写真は100万m^3の木材で、スウェーデンの森林からの１日の生産量を示しています。写真:Mic Calvert

2.2.きのこ採りは私たちの多くがうける森林からの恵みのひとつです。

このように、今日の農林業生産者は多くの新しい要求に直面しており、厳しい国際競争の下で、単に高品質な生産物を増産するだけでなく、幅広いニーズを満たす必要があります。その際、特に農林業に求められるのは、自然環境を維持あるいは回復しながら、新たな価値を作り出すことです。また、農地面積を増やしながら、特に乾燥地において限りある水の消費量を削減する必要があります。これは難問かもしれませんが、今日の技術を使えば、解決の可能性は十分あります。

この課題は、世界の主要な農地で解決しなくてはなりませんし、発展途上国でも同じ状況です。

数年前、エチオピア政府の農業顧問は、大手英字新聞に掲載された農業指導者のコメントを紹介しました。「エチオピアは人口がアフリカで3番目に多く、アフリカ大陸で最も貧しく最も乾燥した国のひとつです。しかし、農地面積は国内人口を養うだけでなく、農産物の輸出を進めるのに十分です。必要なのは、大規模な土地改良、資本投資、合理的な生産について、最新知識を体系的に用いることです。」。この優れた指導者が求めているのは、水管理の高度化、肥料の効率利用、そして新品種の開発です。

2.3.エチオピアの農業は大きな課題に直面しています。写真：ウィキメディアコモンズ

これらの問題を解決するためには科学技術が不可欠です。このため、植物バイオテクノロジーを扱う企業や公的植物育種機関の実験温室では、持続可能な農業に役立つ特性を備えた多くの植物が育成されています。

2.4.干ばつは主に暑い地域の障害ですが、世界中の温帯地域にも影響があります。撮影：Jon Leffmann

2.5.熱帯ブラジルの生産力の高いユーカリ農園では、年間1ヘクタールあたり約100立方メートルを生産していますが、これは温帯地域の樹種の集約栽培の約5倍に相当します。写真：ウィキメディアコモンズ

開発目標のうち優先度が高いのは、乾燥地域で育つ植物、塩分の多い土壌で育つ、または塩分を含む汽水を灌漑して育つ植物、大幅に少ない肥料で現在の収量を維持できる植物などです。さらに、病害に対する抵抗力、雑草との競争力、土壌の栄養分を利用する能力を高めた

植物などについても、すでに実験室や温室での試験を経て実用栽培するための準備ができています。
林業においても、バイオテクノロジーを用いた育種による持続可能性が期待されています。新しい育種技術は、森林の景観、社会、生態的な条件を満たすよう樹木の特性を改良します。このためには森林の多様な用途に対する科学的知識を活用する必要があります。そして、現在の育苗と植林による森林生産は、社会的要請によって、管理方法や技術が変化しつつあります。

光合成

地球への日射量は、石油、石炭、ガス、水力、原子力、バイオ燃料として人間社会に供給される総エネルギーの約一万倍に相当します。太陽エネルギーを動力源とする植物細胞は、空気を取り込んで二酸化炭素を「固定」します。この工程では、気候変動や炭素排出に中立なサイクルで、水と炭素を炭水化物（糖）に変えます。このように、生物の授業で学んだとおり、植物は食料、原材料、エネルギーを持続可能な方法で提供します。
緑色植物の光合成の最初の段階では、得られた太陽光の30～50パーセントが化学合成によってエネルギーに変換されます。このような高い効率を人工的に達成することは難しいのですが、研究は進んでいます。人工光合成では、酸化反応で非常にエネルギー密度の高い原料となる水素ガスが得られ、水が放出されます。人工光合成は、自然のプロセスを模倣して得られる成果のよい例です。安価で再利用可能な触媒を使用することで、自然界またはそれを超える効率で太陽エネルギーを水素に変換できれば、私たちは水蒸気のみが放出される持続的なエネルギー源を手に入れられるのです。

生物的ストレス-病気や害虫への耐性

ウイルスとバクテリア

作物へのウイルス感染とそれに伴う被害を防ぐための方法は、殺虫剤を使用してウイルスを媒介する昆虫を防除する、ウイルスが住み付く雑草を除去する、正しい時期に輪作や播種/植え付けする、ウイルスのない種子を使うことなどが一般的です。ウイルスに対する耐性を強化するのは難しい場合もあります。耐性は、最近育種された品種ではなく、伝統的に栽培された古くからの在来品種または外来の導入品種にあって、複数の遺伝子や遺伝子の中の変異（「アレル」、第3章を参照）によることが多いためです。ただし、このような耐性は遺伝子組換え（GM）技術で導入できることがあります。

60年以上前、ウイルス株に感染したタバコ植物が、別の関連のない株に感染しないことが発見されました。この非感染効果はその後、いくつかのウイルス間でも認められ、初めに感染したウイルスの外被タンパク質が保護作用を示して、その後の近縁ウイルスの感染と増殖を阻止したのです。ウイルスには少数の遺伝子しかないため、ウイルスの外被タンパク質を形成する遺伝子を単離して植物に導入するのは比較的簡単です。このようにして、早くも1986年に、タバコモザイクウイルス（TMV）の外被タンパク質をつくる遺伝子を導入することで、TMVに対する耐性を持つタバコが得られました。

同様に、タバコ、メロン、カボチャ、イネ、パパイヤ、ジャガイモ、テンサイなど、多くの作物で約20のウイルス病に対するほぼ完全な耐性が導入されています。これらは植物のウイルス耐性を高めるのに最も成功した手法ですが、他にもウイルスに対する耐性メカニズムが研究されています。

ウイルス病から植物を守る別の方法は、病害を引き起こすウイルスの拡散を防ぐことです。たとえば、ブラジルウズラマメは、「コナジラミ」によって広がる「ビーンゴールデンモザイクウイルス」に感受性で、ウイルス感染を防ぐために殺虫剤が使われてきました。このため、ウイルスの増殖と拡散を防ぐ品種が開発されました。他にも、アフリカの主食作物あるキャッサバに深刻な問題を引き起こすキャッサバ褐色条斑ウイルスに対する耐性品種の開発などの例などがあります。

さらに、ウガンダの研究者は、以前アフリカの一部の地域でバナナの自家栽培に深刻な打撃を与えたバクテリア感染症(キサントモナス萎凋病）に耐性のあるバナナを開発しました。

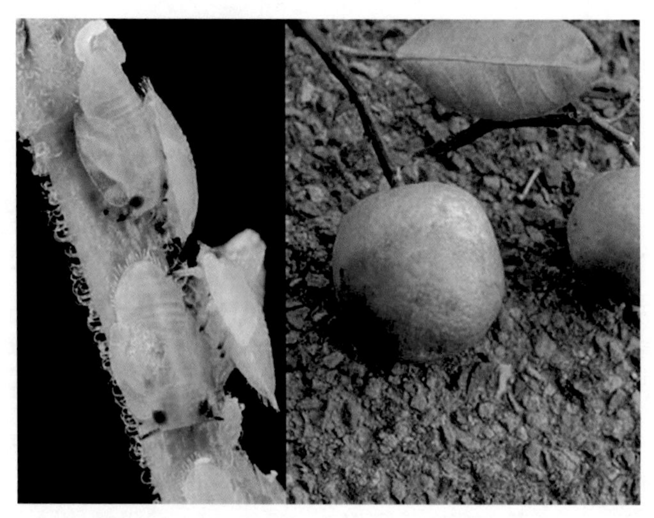

2.6.オレンジの一部に緑色と苦みを残すバクテリア病害(「イエロードラゴン病」)は、アジアとアフリカ、さらに現在は米国でもオレンジの商業栽培の脅威となっています。バクテリアは葉につくノミによって広がるので、オレンジはこれらのノミに対する抵抗性で病気を防ぐことができます.写真:USGS Bee Inventory and Monitoring Lab (左)、Tim R. Gottwald (右)

菌類による病害

ほとんどすべての栽培植物は、深刻な真菌性病害（かび）に感染します。植物は通常、要不要にかかわらず化学物質や殺菌剤で処理するので、費用がかかり環境に悪影響を及ぼします。また、多くの真菌は私たちの食品に有毒物質やかび毒を生成するため、真菌に感染しない植物が必要です。

従来の育種による自殖性植物（イネやムギ類など）の栽培品種には病害発生（フザリウム病やうどん粉病など）の程度に差があります。抵抗性の品種を栽培すると、その品種を罹病化する新たな病原菌が出現します。病原菌が新しい品種の抵抗性を罹病化するのにかかる時間は、抵抗性のメカニズムなどの要因によって異なります。抵抗性育種は、育種家と病原の「軍拡競争」にたとえられることがあります（「病原体の進化とそれに対抗するための改良の繰り返し」のほうが適切かもしれません）。

かびが植物に感染すると、植物は局所的な細胞死を引き起こして、菌が組織内に広がるのを防ぎます。同時に、キチナーゼ、グルカナーゼ、その他の病原体関連（PR）タンパク質などの抗菌タンパク質が、周辺組織で合成されます。これらは、生物栄養性の「活物寄生」菌に対する種に特異的な抵抗性の典型的事例です(例えばマツタケとアカマツの関係）。種に特異的な抵抗性は、植物が病害を認識する一つの遺伝子の作用によることが多いのですが、20年紀にはそのような遺伝子を特定して配列を決めること（単離）はできませんでした。病原菌に対する抵抗性を導入する初期の試みでは、キチナーゼおよびグルカナーゼを産生する（コードする）遺伝子を標的として遺伝子を操作し、部分的な抵抗性が得られました。同じころ、イギリスで自然変異によるトマトの葉かび病（*Cladosporium fulvum*）に対する最初の抵抗性遺伝子が単離されました。これらの抵抗性遺伝子には複雑な作用があり、葉かび病以外の病原体に対する抵抗性を示すこともあります。現在、遺伝子がどのように種々の病原体を認識し、キチナーゼ、グルカナーゼ、その他のPRタンパク質などの防御システムを活性化しているかについて研究が進んでいます。

長い間特に関心を集めてきた病気は、ジャガイモ疫病です。これは、卵菌類の*Phytophthora infestans*によって引き起こされます。かびは最初葉に感染しますが、続いてイモを攻撃して茶色の腐敗を引き起こします。現在栽培されているほとんどすべてのジャガイモ栽培品種は感受性です。収穫されるイモの収量と品質の両方でかびによる被害を最小限に抑えるために、多くの場合、栽培期間中10～12回も農薬を噴霧する必要があります。

2.7.ジャガイモ生産者の脅威である*Phytophthora infestans*によって疫病に感染した植物体（上）と、腐敗を伴うジャガイモ。写真：ウィキメディアコモンズ

南米アンデスの多くのジャガイモ野生種は疫病菌に抵抗性があることが古くから知られています。この抵抗性を栽培ジャガイモに導入する試みは1950年代後半に開始され、2005年までに「Bionica」と「Toluca」の2つの抵抗性品種が開発されました。これらの品種は、野生種ソラヌム・ブルボカスタナム（*Solanum bulbocastanum*）からの抵抗性遺伝子を含んでいました。しかし、野生種には栽培に適さない特性も含まれるため、この２つの抵抗性品種、および別の抵抗性遺伝子を持つ品種「Sarpo Mira」は一部の地域でしか栽培されていません。2006年に、同じ野生種から遺伝子組換えによって導入された２つの抵抗性遺伝子をもつ品種「Fortuna」の最初の野外試験が実施されました。抵抗性が１つだと病原体は容易に罹病化しますが、抵抗性を

２つ持つ「Fortuna」はより耐久性があります。この品種は2013年から2014年に販売される予定でしたが、取りやめになりました。この非承認の経過は科学的ではなく政治的な判断によるもので、このため、品種を開発したBASF社は、大手の植物育種企業がヨーロッパで活動することは難しくなったと考えました（第4章および第8章を参照）。

細菌（バクテリア）病は、米国東部の森林に繁茂していたアメリカグリ（*Castanea dentata*）をほぼ全滅させました。この細菌は、フキなどに豊富に含まれる酸性物質であるシュウ酸を分泌して、感受性の高い植物を傷つけ、細菌の蔓延を促します。多くの植物は、シュウ酸を分解するシュウ酸酸化酵素をもっていますが、この酵素はクリにはありません。しかし、コムギから遺伝子を導入すると、シュウ酸を分解して細菌に耐性を持つクリを作ることができます。これは、米国で野外に広く植えられているGM樹木の最初の事例です。

昆虫

殺虫剤は、世界で最も広く使用されている農薬です。昆虫の化学的防除は非常に効果があるものの、昆虫によって引き起こされる圃場や貯蔵中の作物の被害は、依然として世界の農業生産のほぼ25パーセントに達しています。さらに、殺虫剤の多くの製品は毒性があるだけでなく、変異原性あるいは発がん性を示します。したがって、効果的な耐虫性を持つ植物品種を使用することで、環境や健康への悪影響のある化学物質が必要なくなることは有益です。植物の昆虫に対する耐性遺伝子は、多く発見され、単離され、バイオテクノロジーによって植物に導入されており、病原菌に抵抗性のあるGM植物を開発するよりもはるかに成功しています。

多くの植物種は、食害動物に対して、様々な方法で、防御機能を進化させてきました。この防御機構はたとえば、とげ、密毛、硬い種子や果物の皮など機械的な場合もありますが、ほとんどは化学的な作用によるものです。つまり、植物は昆虫が避ける、あるいは毒性のある物質を生成します。しかし、一部の昆虫は特定の科や種の植物の化学的耐性を克服して、害虫として活動しています。たとえば、ケールやキャベツなどアブラナ科の作物（カラシ菜類）は昆虫に有毒な高濃度のグルコシノレートを持っていますが、モンシロチョウの幼虫は生息できます。このような防御遺伝子を他の植物種に導入して、すでに持っている防御機能と組み合わせると、より高度な耐虫性品種を開発できます。たとえば、デンマークの研究者は、ソルガムに存在するグルコシド（デュリン）を生産する遺伝子を持たせたキャベツが、ノミハムシが食害せず耐性になることを示しました。

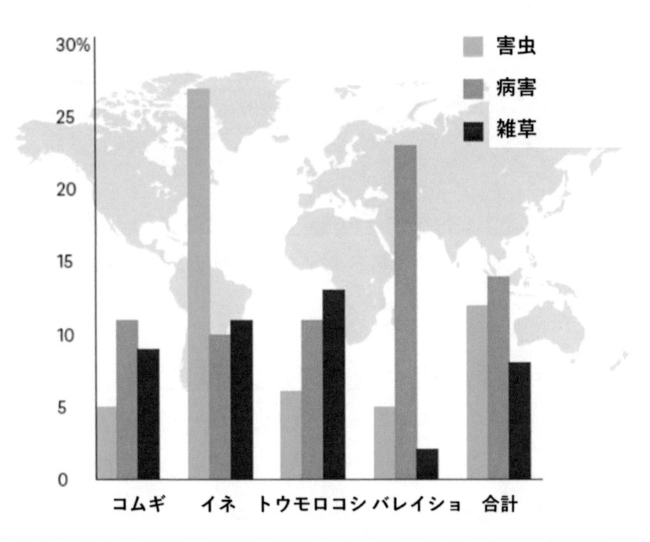

2.8.作物に対する害虫、病害、雑草の被害。Joachim Schiemann（私信）

今日までの先進的な防除技術としては、土壌細菌バチルス・チューリンゲンシス（*Bacillus thuringiensis* : Bt）が使われてきました。この細菌は結晶性（Cry）タンパク質を生成し、それが昆虫の消化管で分解し有毒物質に変わります。Bt は発酵槽で大規模に増殖できるため、比較的低コストで大量のタンパク質を生産できます。Bt 製剤は、1950 年代から昆虫防除に使用されてきました。自然界でも生産されるこの物質は有機農業での防除が承認され使用されています。また、人間には完全に無害です。Bt 株のほとんどは、鱗翅目（蝶と蛾）または鞘翅目(甲虫)の昆虫に特有の毒素を生成し、ヨーロッパアワノメイガ、コロラドビートル、メキシコワタミゾウムシなどの重要害虫に対して効果的です。他の菌株では、双翅目（ハエと蚊）に特有の毒素を産生するものもあります。

2.9.重篤なワタの害虫の1つであるオオタバコガ(*Helicoverpa armigera*)の幼虫。写真：David McClenaghan, CSIRO

Bt タンパク質を産生する遺伝子は複数単離され、タバコ、ワタ、トウモロコシ、ジャガイモなどの作物に導入されています。ヨーロッパアワノメイガ（*Ostrinia nubilalis*）に対する Bt 耐性のあるトウモロコシ品種は、1996 年から実用化し、2003 年には、ウエスタンコーンルートワーム（*Diabrotica virgifera*）に対する Bt 耐性のある品種が開発されました。2017 年には世界で約 5,300 万ヘクタールの Bt トウモロコシが栽培されました。メキシコのワタミゾウムシ(*Anthonomus grandis*)などの昆虫に耐性のある Bt ワタも、インド、米国、パキスタン、中国などを中心に、2018 年には世界で約 2,500 万ヘクタール栽培されています。

2.10.Bt製剤は、湿地帯の蚊の蔓延防除など大規模な防除に使用されます。写真：Sven-Olof Ahlgren/UNT/SCANPIX

2.11.ササゲ（*Vigna unguiculata*）には、元来昆虫の消化を妨げるタンパク質が含まれています。写真：ウィキメディアコモンズ

遺伝子工学によって耐虫性植物を得る別の方法として、昆虫の食物消化を妨げるタンパク質を生産する遺伝子の導入があります。例としては、ササゲ（*Vigna unguiculata*）に由来するササゲトリプシン阻害剤、スノードロップ（*Galanthus nivalis*）由来のレクチンなどが、作

物を吸汁するアブラムシに対して有効です。

自ら殺虫成分を生産する植物の開発は、植物育種の大きな進歩であり、農薬を植物に噴霧または散布する必要性が減り、あるいはなくなり、環境への利点も明らかです。また、このような植物を使えば、保護具のない手持ち式噴霧器で殺虫剤を散布する、小規模農家の作業環境が改善されます。一方、抵抗性品種が長い間害虫にさらされると、抵抗性に対して害虫が遺伝的に適応する恐れがあります。したがって、植物が抵抗性であり続けるには、新しい耐性機構を備えた新品種を継続的に開発することが不可欠です。

効果的で思いやりのある農業

初期の農業は、現在私たちが地下からの化石エネルギー資源を利用しているように、化石に由来する栄養素を利用していました。土壌を「収穫」する農業は、何千年もの間に蓄えられた有機結合した栄養素と風化した岩石からのミネラル分のおかげでした。栄養の乏しい森林地帯では、焼畑農業で土壌養分が急速になくなり、農家はさらに焼畑しなければなりませんでした。土壌が厚い肥沃な平野では、栄養分は長持ちしましたが、それでも枯渇しました。しかし、牧草地では家畜が放牧され、冬の干し草が得られ、家畜が残した堆肥は冬の間に集められて春に栄養分が枯渇した土壌に施用されました。このため、牧草地は畑の栄養供給源となりました。

市販の肥料の導入は、やせた土壌の問題を解決しましたが、永遠ではありません。私たちが土壌を肥やすために使用するミネラル資源は限られており、さらに、世界の多くの地域では水が限られた資源になりつつあります。

温帯地域では毎年耕起することで農業環境が悪化しています。これはおそらく、温帯地域で最も大規模な掘削作業のひとつであり、作業量はサッカー場とほぼ同じ大きさの断面を持つ長さ約500kmの堤を、毎年0.5メートル移動することに相当します。この耕起と整地は、農業で使用されるすべての化石エネルギーの約30%を消費します。

耕起することで土壌から栄養素が損なわれます。肥沃な畑では、1ヘクタールあたり約7,000キロの窒素が根と作物残渣に結合しています。しかし、土壌を耕すと、有機物の急速な分解が始まり、排水中に窒素が放出され、大気中に拡散します。

土壌耕起はまた、土壌中の有機物の（温室効果ガスである）二酸化炭素と亜酸化窒素への変化を引き起こします。例えば、牧草地から穀物栽培あるいは森林地から耕作地など、閉鎖系から開放系システムへの移行は、土壌の炭素

2.12.インドでは焼畑農業が現在も行われています。ウィキメディアコモンズ

2.13.北ヨーロッパの牧草地（スウェーデンのゴットランド島）からは、干し草と新鮮な小枝や木の葉が収穫されます。写真：Urban Emanuelsson

2.14.耕起は農業と耕作地の特色の1つですが、大きな環境問題を引き起こします。写真：E.O. Hoppe/Corbis

含有量を年間ほぼ 1%削減します。逆に、穀物畑を植林や永年草地にすると土壌の炭素量は増加します。

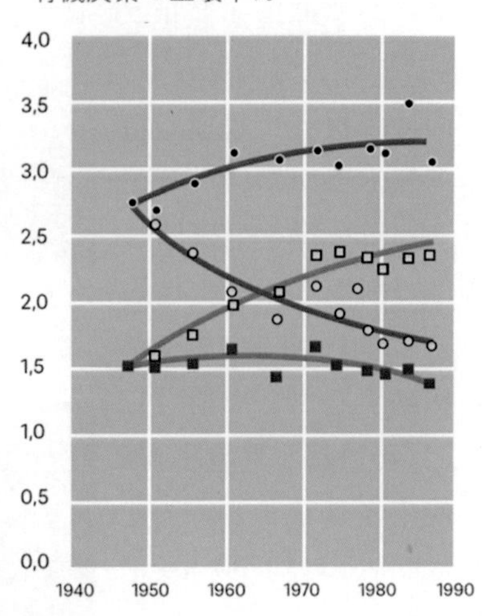

2.15.耕起後、土壌の炭素含有量は減少します。グラフは、英国の2つの実験地での40年間の実験で観察された炭素含有量の変化を示しています。グラフは、牧草地（永年緑地）、一年生作物の野外栽培、または牧草地から一年生作物への切替え（またはその逆）を示します。出典：英国ロザムステッド研究所

直播による不耕起栽培

ヨーロッパや日本では、遺伝子組換えで除草剤に対する耐性をもつ作物は栽培されていませんが、耐性作物が栽培できれば、草地や森林を農地のように利用できます。一般に耕起する目的は、播種の準備に加えて、雑草を防除することです。したがって、除草剤耐性作物を不耕起で直播栽培すると、土壌の侵食と圧縮、栄養素の漏出、さらに土壌耕起と肥料のエネルギー必要量を劇的に減らし、水分条件を改善し、土壌の生物多様性を高めることができます。

最近、耕起しない耕作地が大幅に増えています。米国では、現在、土地の 40%近くが耕起されていません。一方、日本の不耕起栽培はわずか 0.1%とされています。不耕起栽培で窒素肥料の消費量は過去 10 年間で 10%減少しましたが、収穫量は逆に増加しています。遺伝子工学で育成された作物、不耕起の増加、GPS で調整された肥料散布による精密栽培など、米国はヨーロッパや日本に先んじて持続可能な農業技術を活用しています。

秋播き作物と多年生作物

私たちが一年生作物に基づいて食糧生産を行うのは、主に伝統的な理由です。私たちが1万年前に農業を始めたとき、最も栽培化しやすく、収穫する種子の栄養価が高かったのは、一年生作物でした。多年生植物は、数年に一度の種子生産で資源を節約するメカニズムを進化させてきました。しかし、現代の分子生物学的手法では、多年生の穀物や油糧作物、あるいは秋播きコムギのように、秋の初めに播種して次の秋に収穫する作物を生産することは十分可能です。

2.16.スズメノカタビラ（*Poa annua*）とナガハグサ（*P. pratensis*）は、ユーラシア起源の近縁イネ科植物です。前者は一年生植物で、世界で最も扱いにくい雑草の一つです。ナガハグサはヨーロッパとアメリカでは多年生の重要な牧草です。このように、近縁植物でもライフサイクルが異なる場合があります。ほとんどの栽培化された牧草は一年生植物ですが、この例では、栽培化されたのは多年生の植物種です。写真：ウィキメディアコモンズ

秋播き作物や多年生作物は、雑草に対する競争力がはるかに高く、雑草防除なしで、あるいはほとんどせずに栽培でき、土壌の侵食や流出を効率的に保護します。秋播きテンサイの品種も開発されています。

2.17.ソルガムは、多年生品種が開発されている一年生作物の１つです。写真：ウィキメディアコモンズ

カンザス州の米国土壌研究所は、トウモロコシ、コムギ、ソルガム、ヒマワリなど、主要な農作物を多年生に変えることに取り組んでいます（イネは生育適温条件では多年生です）。多年生コムギは、圃場試験で従来のコムギの 70%の収量を達成しました。生産者にとっては栽培費用の多くが不要となるので、収益性の面ではこれでも良いのですが、食料生産を確保する観点からは、この収量では不足しています。

多年生作物による作付け体系は、植物と土壌中の微生物との長期的な相互作用を確立するという利点があります。草地の多年生牧草は、人工肥料の使用にもかかわらず、空気から多量の窒素と炭素を集め、収穫された干し草で同じ面積の穀物よりもより多くのタンパク質と炭水化物を同化します。これは、草地土壌の窒素固定菌が、空気から自ら必要な窒素を固定して一部を植物に提供し、さらに死後により多くの窒素を供給するためです。さらに、植物は枯死後分解され、窒素が放出され、他の植物の根に吸収されます。深い根が浸透した土壌では放出された養分が吸収されます。一方、春または秋に播種された一年生作物が栽培される畑では、土壌微生物が活動しています。微生物は有機物を分解し、栄養素を利用する植物の根が張るずっと前に土壌水中に栄養素を放出してしまいます。

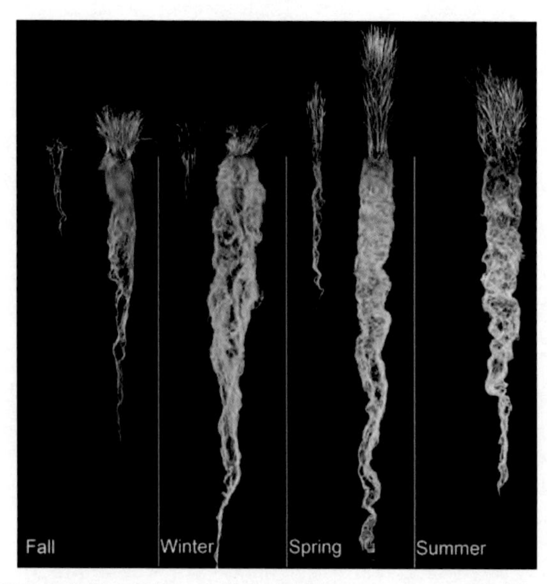

2.18.一年生植物を秋播き栽培した場合（秋播きコムギ、各画像左）と多年生にした場合（中間型コムギ植物*Thinopyrum intermedium*、各画像右）の根量の季節変化。深く伸びる多年草の根には、窒素漏出の大幅な削減などの利点があります。ここに示されている多年草の根塊は、約3メートルの深さまで伸びています。グローバーらから許可を得て複製。サイエンス誌(2010)328巻1638頁

多年生穀物の栽培効果

通常の施肥による秋播きコムギの栽培は、典型的な粘土質土壌で1ヘクタールあたり年間約20キロの窒素が漏出します。一年生穀物から多年生穀物に切り替えると、この漏出が平均60%減少します。他の手段では、単独でこのような効果を上げることはできません。さらに、多年生の穀物は、一年生より多くの炭素を固定できます。イギリスでの圃場試験の結果（2.15を参照）は、多年生作物は1ヘクタールあたり年間1トンの二酸化炭素を固定することを示しています。

国単位で考えると、これはスウェーデンでは年間100万トンの二酸

化炭素が多年生の穀物によって固定されることを意味します。イネを含む日本の穀物栽培面積は約200万ヘクタールなので、スウェーデン以上の二酸化炭素を固定できる可能性があります。

多年生の穀物への移行は、毎年の耕起を回避し、トラクターの運転量が少なくなり、エネルギー消費と土壌の圧縮の両方を減らすことにつながります。さらに、リン、アンモニア、一酸化窒素の排出量の削減、土壌の腐植含有量、農業環境での動植物の変化などの効果もあります。

除草剤に対する耐性

1950年代には、作物に損傷を与えることなく雑草だけを除去する最初の化学的雑草防除剤である「除草剤」が導入されました。しかし、雑草には多くの栽培植物の近縁種が含まれているため、特定の作物に選択的な効果を示す除草剤を開発することは困難です。すべての植物を枯らす「広範囲型」除草剤は、通常、収穫後または作物の発芽前にのみ使用されます。特定の除草剤が同じ場所で長い間使用された場合、雑草に除草剤耐性を持つ遺伝子の変異が自然に出現して、除草剤の効果がなくなることがあります。このような遺伝子を作物に導入して、除草剤耐性にすることもできます。

市場に出回っているほとんどの広範囲型除草剤は、植物のアミノ酸合成を制御する酵素の活性を低下させるため、従来型除草剤よりも環境への負担が少なくなります。除草剤耐性作物を利用すると、土壌侵食が問題となる地域で不耕起栽培が可能です。この栽培法では、除草剤耐性のある春播き作物が前年の収穫物残渣の種子から再生した後、広範囲型除草剤を通常1回施用して、多年生および一年生の雑草を除草します。ヨーロッパや日本では、除草剤耐性のあるGM作物が栽培できないため、この方法を使うことはできませんが、他の世界各地で、良好な効果が得られています。耐性遺伝子は広範囲型除草剤に対応して作物に導入されており、最も一般的なものはラウンドアップ（活性物質：グリホサート）とバスタ（活性物質：グルホシネート）です。

2019年には、除草剤耐性作物は世界全体で、(約8100万) ヘクタール栽培されました。

栄養価とストレス耐性の改良

現代の遺伝子改変技術は、これまで、農家や大規模な種苗会社に利益をもたらす性質を対象にしてきたとよくいわれます (第 7 章を参照)。遺伝子組換えされる性質が消費者やほかの利害関係者にとって関心が高ければ、GM 技術は受け入れられやすくなります。たとえば、β-カロテン (プロビタミン A) は通常、植物の緑色部分にのみ存在しますが、ゴールデンライスはそれを含む米を生産できます。ゴールデンライスは、米を主食とする国の多くの子供たちの失明につながるビタミン A 不足を解消するために開発されました。ゴールデンライスは 20 年以上前から導入の準備ができており、β-カロテン含有量が 10 倍を超える新しい変異体が開発されましたが、当局の承認を得るのが困難で、一般栽培されていませんでした。しかし、ついに 2021 年、はじめてフィリピンでゴールデンライスが実用栽培されました。

さまざまな作物の栄養価を高めることを目的とした他のプロジェクトも進められています。その例としては、β-カロテンのレベルが高いサツマイモ、マルチビタミントウモロコシ、カルシウム含有量が2倍のニンジン、抗酸化物質が20%多いトマト、鉄、タンパク質、ビタミンの含有量が多いキャッサバなどがあります。また、キャッサバの国際プロジェクトでは2005年以来、ビタミンとミネラル含有率が高く、重要病害への耐性を備えた品種の開発を目的としています。

現在の作物栽培では、さまざまな非生物的ストレス要因によって、最適栽培条件における収量の60～65%が失われるとされています。その要因は光不足、高温または低温、土壌構造の不良、水供給不足、不適切な土壌酸性、塩類集積、土壌の栄養不足などです。米国での主要作物に関する研究によると、ストレス要因の一つまたは複数に対する耐性を高めれば、収量が大幅に増えるとしています。

2.19.ゴールデンライスは、私たちの体内でビタミンAに変換される物質であるβ-カロテンが豊富に含まれており、黄色い米の色にちなんでこの名が付けられました。写真：ウィキメディアコモンズ

主要な農業地域の多くでは、水資源の効率的な管理と、乾燥に対するより高い耐性や水を吸収する高い能力を備えた植物品種の開発が必要となっています。このため、特にアフリカでは、従来の育種技術を使用して、乾燥耐性トウモロコシ品種が多数開発されてきました。しかし、国連食糧農業機関（FAO）は、2050年までに約4億8000万人のアフリカ人が深刻な水不足の地域に住まざるを得なくなると推定しています。このため、複数の種苗会社が遺伝子組換えによる乾燥耐性トウモロコシ品種を導入してきました。（第3章を参照）。

ダイズ、ワタ、イネ、サトウキビ、コムギなど、他の作物の乾燥耐性品種も開発されており、従来の品種よりも少ない水で栽培できます。栄養素をより効率的に吸収するため、肥料の必要量が少ない植物もあります。堆肥などの有機肥料に含まれる窒素をより効率的に吸収するため、「選択的施肥」が可能になる作物もあります。つまり、雑草ではなく、作物にのみ効果のある堆肥を施用する技術です。これは、有機農法など化学肥料を使用しない農家には利点です。さらに、一般的な品種よりも高いまたは低い温度、またはより高い塩濃度に耐えることができる多くの植物品種も開発されています。

化学工場からの新製品

光合成は、植物における複雑な化学的プロセスの開始点であり、そして「化学工場」としての植物開発の基礎です。緑色細胞や他の植物組織の合成経路を理解すれば、光合成産物とその性質をよりよく変えられます。植物の遺伝子を導入あるいは改変する方法、既存の遺伝子の機能を喪失する方法によって、植物の代謝を変えることができます（第3章を参照）。このようにして、食品加工や関連業界の必要を満たすような新しいタイプの炭水化物、油、タンパク質などを生産する植物を開発できます。そして、すでに多くの種類のでんぷん、植物油、脂肪が生産されています。

メタンは最も単純な炭化水素です。これは、複雑な炭化水素鎖を小さな分子に分解することによって作られます。逆に、植物は、単純な炭化水素を長く複雑な鎖に結合することによって、糖、デンプン、セルロース、油、脂肪、ロウ質などの有機分子を合成します。これらの合成系をエネルギー生産に使用する場合でも、石油化学業界で製造されるような原料生産に使用する場合でも、基礎となる知識と研究さえあれば、実現の可能性は十分にあります。

農業

植物で形成される油、ロウ質、脂肪は、今日私たちが石油や石炭から得ている物質に取って代わる可能性を秘めています。私たちが地球から排出するすべての化石燃料のうち、約10%は、プラスチック、塗料、合成ゴム、樹脂、油、ニス、絶縁体、合成繊維などを製造するため、化学産業で使用されています。これらの製品は植物が生産する油に置き換えられますが、それには油の生化学的合成および輸送経路を制御する分子機構、輸送経路に対する栽培条件の影響を理解する必要があります。

2.20.将来的には、コムギ、トウモロコシ、テンサイなどのでんぷんや糖が豊富な作物から油を生産することが可能になるでしょう。

石油に取って代わる可能性のある植物は複数研究されています。ナタネに加えて有望な作物は、カメリナ・サティバ（*Camelina sativa*）です。この植物は、栄養的に重要なオメガ-3脂肪酸エイコサペンタエン酸（EPA）を生成できますが、これは現在主に魚から抽出されています。ワックスエステルは、合成モーターオイルを代替できる特殊な油の原材料ですが、アブラナ科の油糧種子植物クランベ（*Crambe abyssinica*）またはコショウソウ（*Lepidium campestre*）から製造できます。これらを商業栽培して油を精製し、潤滑油の製造に適した品質の油を提供することが計画されており、年間1ヘクタールあたり0.5トンの高品質の潤滑油、あるいは同量のバイオディーゼルの生産が期待されています。

デンプンは、アミロースとアミロペクチンの2種類のブドウ糖分子鎖で構成されています。アミロースとアミロペクチンの比率のわずかな違いは、デンプン粒の形態と水溶性が変化させ、工業利用の適否に影響を与えます。アミロペクチンを多く含むデンプンは製紙業界で好まれますが、バイオプラスチックの製造にはアミロース含有量の高いデンプンが必要です。当時最新の遺伝子改変技術を利用して、1990年代初頭の研究者はアミロペクチンのみを含むジャガイモの栽培品種を開発しました。商業栽培は、BASFプラントサイエンスが製品を引き継ぎ、許可手続きして試験した後、2010年にようやく許可されました。しかし、その栽培は、BASFプラントサイエンスがヨーロッパ市場を去った2012年に終了してしまいました。この「Amflora」は、製紙業に適した組成のデンプンを提供するために遺伝子改変技術によって開発されたジャガイモ栽培品種の一例です。

2.21.コショウソウ（*Lepidium campestre*、左）とクランベ（*Crambe abyssinica*、右）は新しい油糧植物です。写真：ウィキメディアコモンズ

林業

化石油料を利用する以前、化学産業は林業と農業から得られるものだけを原料としていました。化学産業は、生物原料からレーヨンシルク、セルロイド、ベークライト、テレビン油など多くの製品を開発しました。化学産業の歴史では、安価な化石油料の出現以降、生物原料の利用に関する研究はされなくなりました。しかし、石油価格の上昇に伴って、生物原料への関心と投資意欲が再び高まっています。

多くの温帯北部に位置する国の経済にとって、木材およびパルプ産業は非常に重要です。これらの国では、木材の基本成分（セルロースと木繊維）をパルプや建設用木材に使うだけでなく、物質を製造し、繊維に新しい特性を与えるなどして現在の用途を改善または拡張しています。世界の石油化学産業は、もともと木材を原材料としていました。セルロース分子の特性は、遺伝子と環境の相互作用によって決まりますが、バイオテクノロジーの利用によって、材木やパルプとしての木材の有用性だけでなく、セルロースの潜在的な用途が広がりつつあります。たとえば、食品包装から自動車産業の非常に強靭で可鍛性のある複合材料まで、セルロース繊維からあらゆる製品に使用できる特性を持つ生分解性素材を製造することが可能です。

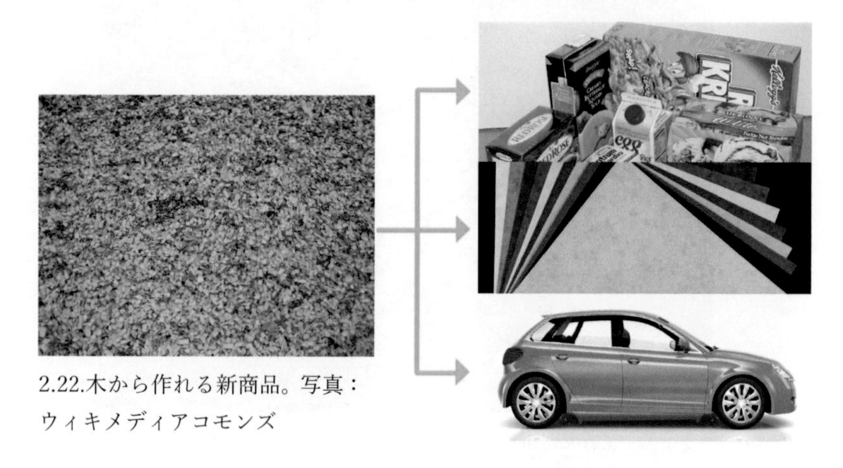

2.22.木から作れる新商品。写真：ウィキメディアコモンズ

これまで、原生林は伐採され、人手による植林地または自己再生林に置き換えられて、特定の種類の樹種の育成と生産が進められてきました。林業と農業の主な違いは、樹木の一世代が 20～30 年と長く、林木は農作物ほど集約的に育成されないことです。しかし、林木は農作物と同じく育種による遺伝的改変が可能であり、そのような林木の開発は、林地の生産能力を大幅に高めることができます。遺伝的改変によって樹木が開花して種子を生産できる樹齢まで成長する時間は大幅に短縮できることが示されました。これは、林木育種を大きく変えることになります。

交配と選抜によって、木材の繊維の長さや品質、リグニンやセルロースの分布、組成、構造など、樹木の多くの特性が変化します。これらの特性は製紙およびパルプ産業、そして第二世代バイオ燃料の出発点である森林資源にとって重要です。また、強度、安定性、腐敗耐性、加工適性は、建設業界にとって非常に重要な特性です。さらに、化学産業にとって重要な、油、樹脂、テルペン、および他の多くの物質の木材中の量と分布なども、分子育種の対象になります。

農業と林業の未来

物理学者と化学者の研究は、福利、サービス、グローバル化された技術（特に IT）を多面的に提供することで、現代の産業社会が個々から複雑性へ移行するために大きく貢献しました。生物科学は、将来の社会変革に大きなチャンス与えると考えられますが、チャンスを最大限に活用するには、科学的問題について真剣に議論し理解することが必要です。生命科学の知識を利用して得られる恩恵は、それを受け入れる場合にのみ得ることができます。その受け入れをする方法を見つけることは、今日の主要な政治的および科学的課題の 1 つです。

ヨーロッパおよび日本には、現代の植物育種の可能性を左右する大きな問題があります。一方、真剣な議論を阻む楽観主義は世界の至る所に存在しています。これは、2009 年 1 月 20 日のワシントンでバラク・オバマ米国大統領が演説した内容です。「私たちは、私たちの生き方が間違っているとも思いませんし、防衛態勢が揺らいだりすることはありません。しかし、私たちのエネルギーの消費の仕方が敵を強くし、この地球を脅かしていることを示す新たな証拠を毎日のように目にします。」

この問題に対処するために、つまり国の安全と地球の存続を守る生活を維持するために、オバマ大統領は次のように提案しています。「科学を正当な地位に戻し、技術の驚異的な力を使って医療の質を向上させ、コストを下げます。太陽や風や土壌を利用して自動車を走らせ、工場を動かします。」

3. 植物育種–過去、現在そして未来

家畜の場合と同様、栽培植物の変異には深入りしません。
この問題は大変難しく、植物学者は、わかっていながら
栽培品種を無視してきました。

チャールズ・ダーウィン(1868)
家畜と栽培植物の多様性

植物育種 0.0-野生植物から栽培植物へ

栽培化と適応–最初のステップ

狩猟、漁猟、野生植物の根、種子、果実の収集から、人々が植物を育て、家畜を飼育したときに、農業は発祥しました。これは約1万年前に、新旧世界の温帯および亜熱帯地域の数か所でほぼ同時に独立して始まったのです。最初の「農業の発祥地」は、西南アジアのいわゆる肥沃な三日月地帯（今日のシリアとイラク周辺）であり、コムギ、オオムギ、アマ、レンズマメ、エンドウなどの主要な温帯作物の多くが栽培されました。ほかにも中央アメリカ（トウモロコシ）、東アジア（イネ）、アフリカ（ソルガムとアワ）など重要な起源地があります。4つの地域において、野生のイネ科植物を祖先とする重要な作物が誕生し、穀物生産の基盤となりました。

野生植物は人間の栽培要件に合うように遺伝的に変化しました。これを栽培化といいます。つまり、人間に都合の良い条件で選ぶことで、自生地に適応した野生植物は大きく変化しました。自然条件では動物または風によって種子が拡散することや、良い条件で子孫を残すため種子の成熟する時期が異なることが望ましいのですが、新しい「栽培生態系」では、動物や風によって分散せず、ほぼ同時に収穫できる種子が好まれました。このほか急激に変わったのは、別の個体の花粉で受精する「他殖」から自己の花粉で受精する「自殖」への変化、および多くの種子が同時に発芽するための種子休眠の喪失でした。

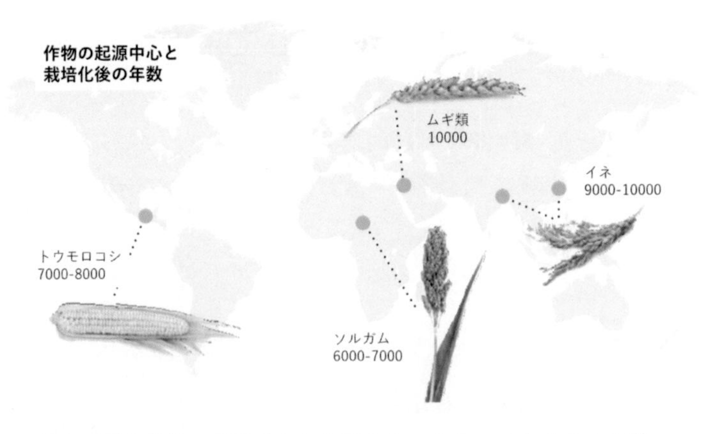

3.1.最も重要な穀物の起源中心と栽培されてからのおおよその年数。

3.2.野生オオムギから栽培オオムギへの進化。A：南西アジアの山岳地帯で現在も自生している祖先野生型のスポンタネウム亜種。B：エチオピアのオオムギ在来品種。C：現代の米国の育成品種。写真：佐藤和広

初期に栽培化した作物の多くに共通する特徴は、植物に強く影響する1つまたは少数の遺伝子（次の節で説明する遺伝的要因）が変化（大進化）したことです。最初の農業者は、花房や種の付いた穂がバラバラにならない形を意図的に選んだので、植物は一度に大量の種子をつけ、ほぼ同時に稔るようになりました。遺伝的に多様な植物集団が栽培場所に適応して自然淘汰されることに加えて、人が望む性質（形質）

を持つ植物を選ぶことによる複合効果で栽培植物と育種という行為が確立しました。これは、現代の農業と文明が生まれる重要なステップでした。当初、まず農業者が意識的に選んだのは、大きく健康な実の植物が、美味しく適切に熟し、稔っても落ちないものと考えられます。しかし、最終的には、草丈や収量などの農業特性が重要な選抜の対象になりました。

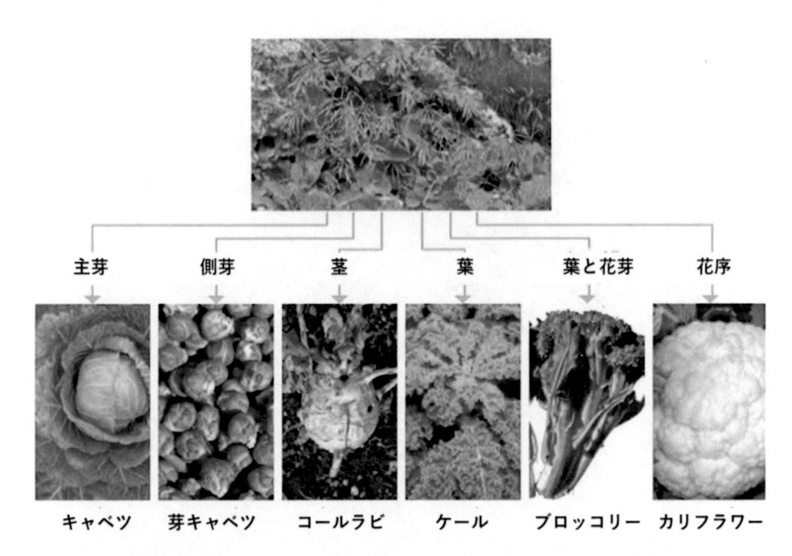

3.3.ケールとキャベツにはさまざまな種類があります。アブラナ属は、キリスト誕生の何世紀も前のギリシャローマ時代に現在のギリシャと南イタリアで栽培化されました。その後、さまざまな種類のケールやキャベツが徐々に誕生しました。

農業の広がり–新しい環境への適応

現在私たちの利用している作物の多くは、およそ7,000年前までには栽培化されて、初期の姿になりました。当時の壁画や装飾品などから、初期の農業者や育成者が栽培方法、受精、結実についてかなりの知識を持っていたことがわかります。肥沃な三日月地帯での栽培化に端を発して、農業の概念は他の地域でも急速に広まりました。遺伝的に多様な農作物は、伝播するうちに様々な気候条件に遭遇し、遺伝的要因を組換え（後述）て変異を蓄積し、新しい条件に適応しました。さらに、初期の農家の種子が人の移動と共に持ち出され、世界中の地域に適応して、新しいタイプの作物が生まれました。

3.4.チベット高原におけるコムギ（上）とオオムギ（下）の在来品種は、高地の極端な条件に適応しました。写真：Roland von Bothmer

イネは約1万年前に東アジアで栽培化され、それ以来継続的に栽培されています。栽培イネは、毎年生殖を繰り返して1万世代を経ており、毎世代遺伝子の組換え（後述）と自然変異の機会がありました。初期の植物育種によって作物を各地域の栽培条件に適応させたという記録は多くあり、このことは人口増加にとって重要でした。たとえば、ヨーロッパの気候に適応して選ばれたコムギ、オオムギ、ライムギの品種がなければ、初期の農業者がヨーロッパに定着し、狩猟や漁猟で生活していた人々に取って代わることはなかったでしょう。

何千年にもわたる選抜行為は、自然交配や遺伝的変化を伴って、高い収量で環境条件に適応した栽培作物を生み出しました。時間が経つと、地域に適応した栽培植物個体の集まり、つまり「在来品種」が現れました。農業集落内および集落間に生まれた遺伝的な多様性は、19世紀半ばのヨーロッパ、さらに明治以降日本でも開始された組織的な種子生産および植物育種の出発点となりました。

このため、ヨーロッパでは1800年代または1900年代初頭の在来品種はほとんど姿を消しましたが(一部は遺伝資源保存施設に保存されています)、幸い日本を含む東アジアには一部の在来品種が現在も栽培されています。また、それらの遺伝的多様性の多くは現代の品種に残っています。

3.5.古くからの在来品種と地元の作物の品種は、大きな遺伝的多様性を持っています。ネパール産のコムギ(左)と中国四川省産のオオムギ(右)。写真:Roland von Bothmer

遺伝学–植物育種の科学的根拠

1860年代、Brünn(現在のチェコ共和国ブルノ)の牧師グレゴール・メンデル(Gregor Mendel)は、個体間で組換わる安定した遺伝的要素の存在を示す画期的な結果を発表しました。しかし、この遺伝の法則は、その後30年以上ほぼ完全に無視されました。

1900年頃のメンデルの法則の再発見は、植物育種に大きな影響を与えました。1902年には、ホモ接合体とヘテロ接合体という用語が導入され、その後まもなく、遺伝学が新しい科学の分野となりました。通常、植物や動物は遺伝の物理的単位である遺伝子を両親から引き継ぎ、2組の全遺伝子を染色体の中に持っています（これは厳密には常染色体で、性別を決定するXY染色体をもつ種もあります）。このような生物は二倍体といわれます。配偶子（生殖細胞を指し、植物では花粉と卵細胞、動物では精子と卵細胞）は、1組の染色体しか持たず、単数体と呼ばれます。生物（植物または動物）が特定の遺伝子についてホモ接合であるということは、両方の親から遺伝子の同じ変異（アレルといいます）を受け取ったことを意味し、ヘテロ接合は生物が遺伝子の2つの異なるアレルを持つことを意味します。

1903年、デンマークの科学者ウィルヘルム・ヨハンセン（Wilhelm Johannsen）は、生物の遺伝子型の違いを明らかにしました。遺伝子型は生物の生育にかかわる遺伝的要因です。その遺伝子型と生育環境との相互作用によって、形質として現れる表現型が決まることを明らかにし、生物の生育に遺伝と環境の両方が重要であることを示しました。つまり遺伝子型は、個体が実現可能なすべての機会を規定し、環境によってこれらの機会がどの程度実現されるかが決まるのです。

時を同じくして、古くから知られていた染色体と呼ばれる細胞の組織に遺伝子が存在することが示されました。染色体は通常ペアで存在し、ペアの1つは片親に由来します。これは、減数分裂という細胞分裂で作られた配偶子に、各ペアの1つが渡されるためです。減数分裂では、遺伝子の組換えが起こります。したがって、減数分裂では、各配偶子が各ペアの1つを取得して染色体数が半分になり、受精（オスとメスの生殖細胞の融合）して元の染色体数に戻ります。ある植物種の体細胞の染色体数は $2n$ と表わされます。たとえば、キャベツの場合は $2n$=18（図3.10）、イチゴの場合は $2n$=56（図3.9）です。減数分裂後の生殖細胞の染色体数は n と記載されます。たとえば、キャベツの場合は n=9、イチゴの場合は n=28です。植物の染色体数を知ることは育種に重要です。

1906年に、連鎖と呼ばれる現象が説明されました。これは、同じ染色体上にある遺伝子が「互いに関連」している、つまり、互いに独立しているのではなく、予想よりも頻繁に同時に遺伝することを指します。

進化、種形成および遺伝のもう1つの要因は、自然変異です。この変異と、それらが引き起こす変化の分析は、遺伝子研究の重要な要素になりました。メンデルは、環境の影響をほとんど受けない、赤または白の花の色、丸いまたはしわのある種子のように、遺伝子によってほぼ完全に制御される性質（形質）を、自殖性植物のエンドウで研究しました。そのような形質を扱わなければ、メンデルは遺伝の法則を解明することはできなかったでしょう。一方、植物育種家は、自殖性植物と他殖性植物の両方について、様々な形質を組み合わせて扱う必要があります。表現型が明確に仕分けられ、1つまたは少数の主要な遺伝子によっ

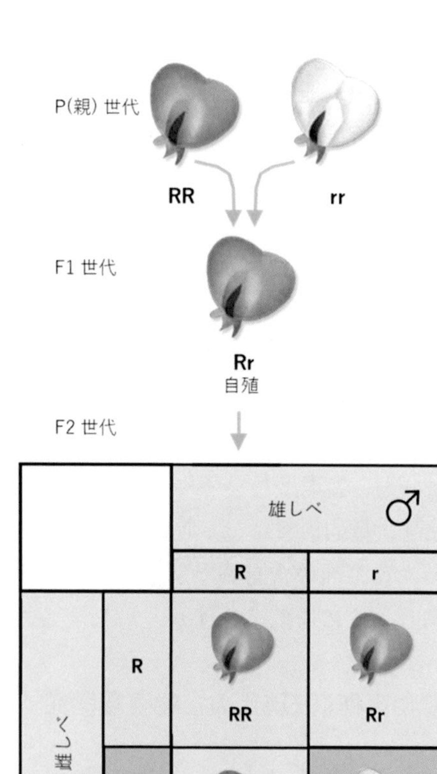

3.6.エンドウの花の色は、遺伝の原理を理解するためにメンデルが研究した形質の1つです。R=顕性遺伝子; r=潜性遺伝子; P=親の世代（P–親）; F1=最初の子孫世代; F2=2番目の子孫世代。RRとrrはホモ接合であり、Rrは遺伝子の2つの異なる状態にあるヘテロ接合です。F2世代では、平均して、白い花の植物の3倍の紫色の花の個体があります。

て制御される形質を質的形質といいます。そのような形質の例は、花、葉、果実、種子の形と外観、および病害に対する「特異的抵抗性」などがあります。

古典遺伝学におけるもう1つの重要な違いは、「顕性」変異（アレル）と「潜性」変異の違いです。変異に対応する形質は、ホモ接合体（遺伝子の同じ変異を2コピー持つ）で現れます。ただし、顕性アレルと潜性アレルのコピーを持つヘテロ接合体は、顕性アレルに関する形質のみが現れ、潜性アレルに関する形質は隠れます。農業上重要な形質のほとんどは作用の小さい多くの遺伝子によって制御されています。このいわゆる量的形質は、遺伝子と環境要因の相互作用によって現れ、表現型をいくつかに分類することはできず、連続的に変異します。量的形質には、収量、成熟度および品質特性である種子のタンパク質や油の含有率などが含まれます。これらの形質は、質的形質と同じように遺伝しますが、解析するのは困難です。

植物育種1.0–現代の植物育種開発

20世紀に入るまで、植物育種には多様性のある集団から望ましい個体を選ぶ集団選抜という方法が使われました。選抜した個体の種子は、次の年に混ぜて播種し、増殖して新しい集団を作成する手順を毎年繰り返します。この手法は、育成者が選抜する以外は、自然淘汰をそのまま模倣しており、栽培環境で生き残った植物を利用します。しかし、1890年代に、系統育種法といわれる新しい手法が開発され、イネ、ダイズ、コムギ、オオムギなど自らの花粉で受精する自殖性作物に使われました。系統育種法では、各個体から種子を収穫し、各個体の子孫を別々に栽培します。こうして遺伝的に均一な系統を育成すると収量が急速に増加します。この方法は多くの作物で優れた品種を生み出し、今でも実際の育種に広く使われています。

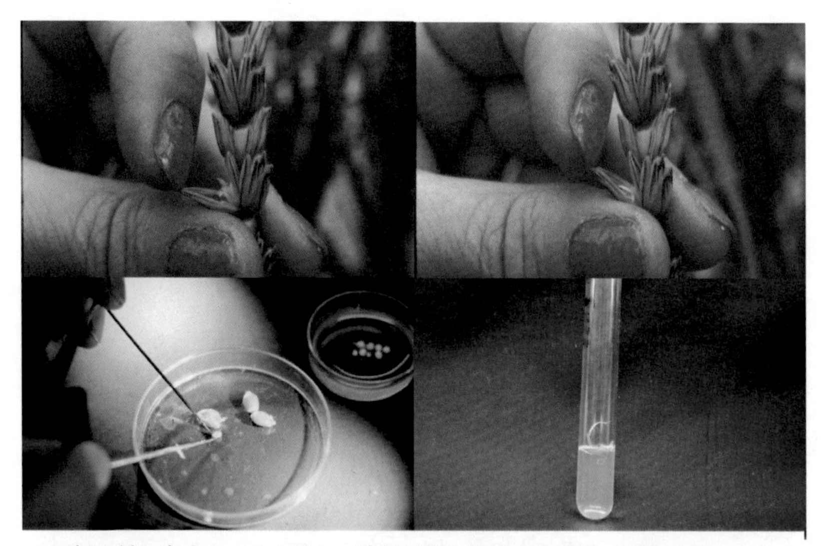

3.7.新品種を育成するため異なる遺伝子型を組合せる通常の交配手順。上左：雄しべを取り除くことによる除雄。上右：2〜3日後、交配する植物の雄しべの花粉を除雄した植物の成熟した雌しべに移します。同じ種の異なる品種（イネやコムギなど）間の交配では、胚は正常に発育し、種子はそのまま播種できます。異種間の交配では、種子は正常に発育しないことが多く、胚を未発育の種子から取り出し（下左）、栄養培地で成長させる必要があります（下右）。写真：Roland von Bothmer

自殖性植物の育種

植物の形質は遺伝と環境の両方で決まりますが、変異と交配だけが新しい遺伝的多様性と形質の組合せを作ることができます。これが1900年代初頭に理解されたとき、植物育種の新時代が始まりました。自殖性植物の集団は、ある形質について他の個体と遺伝的に同一（ホモ接合）であるグループと、これとは異なる個体（変異体）のグループで構成されていることが理解されました。これらのグループは、ホモ接合性のために世代を経てもほぼ遺伝的に同一のままであり、「純系」といわれます。同じホモ接合系統の2つの個体を交配しても、効果はありません。しかし、最初に目的の形質を持つ純系を選択し、次にさまざまな系統の個体を選んで交配して、子孫に望ましい遺伝的変異を取りこめば、新しく改良された変異体が得られる可能性があります。

2つの系統による単交配には、3つ、4つ、またはそれ以上の親を交配する複雑な方法が追って加えられました。これらの改変技術も含めて、系統育種法によって望ましい特性を持つ素材が得られます。非常に重要な育種法のひとつは戻し交配です。これは、1つまたはいくつかの遺伝子をある品種から別の品種に導入する際に効果的です。

他殖性植物とハイブリッド育種

他殖性植物、つまり個体が通常は自分の花粉で受精しない植物の場合、後代のきょうだい間の交配による家系をつかいます。例えば、砂糖を生産するテンサイの育種では、集団選抜で育成された、最も望ましい大きさ、形、重さ、および糖度を示す個体の2年生の塊根を選び、翌年植えます。得られた植物は、互いに開花して自然交配しますが、他の開花系統からは隔離します。種子は各植物から収穫し、得られたきょうだい家系は収量試験をして、その後、いくつかの試験地で数年間、さらなる選抜と試験をします。最も優れた家系からの種子を使用して優良種子を取得し、販売用の種子を増殖するため栽培します。

この手法で米国でのトウモロコシの育種は長い間行われてきましたが、多くの努力にもかかわらず、育種の成果は限られていました。しかし、ハイブリッド育種の基本原則、特に自殖後の交配による遺伝的効果が明らかになると、育種法は大幅に改善されました。

トウモロコシのように通常は他殖する植物種を人工的に近親交配することで、ホモ接合系統（近交系）を得ることができます。特定の近交系を組合せた交配では、両方の親よりもはるかに優れた形質とより高い収量を持つ子孫が得られます。この現象を雑種強勢といいます。このハイブリッド育種法には3つのステップが含まれます：(a) 均一（ホモ接合）である近交系を育成するための交配と選抜、(b) 優れた子孫と近交系を交配した雑種の評価と選抜、(c) これらの近交系の相互交配による実用栽培用のハイブリッド種子の生産です。

商業育種における自殖性植物と他殖性植物の主な違いは、販売される種子の性質にあります。自殖性植物では優れた特性を持つ純系を開発し、その種子を新品種として栽培者に販売します。新品種は完全にホモ接合体で、このため遺伝的に安定しており、生産者は自分の種子を収穫して、購入した種子と同じ遺伝的構成を持つことを確認できます。一方、他殖性の雑種種子は高度にヘテロ接合性なので、栽培してから採種しても次世代の特性は分離してしまい、品種の種子としては使えません。

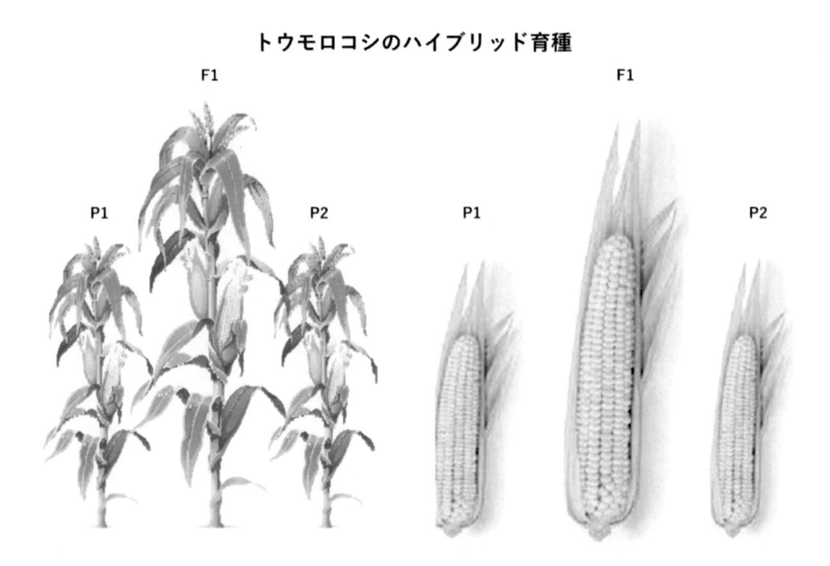

3.8.他殖性植物であるトウモロコシは、5〜7世代自殖(きょうだい交配)した後、組合せ能力(適合性)が良好で均質な近交系(P1、P2)を選抜し、交配します。これらの交配の子孫(F1世代)は、生育と収量が大幅に改良します。近交系間の交配からの種子は、ハイブリッド品種として販売します。

ハイブリッド種子を生産するには、自殖を防ぐ必要があります。これにはいくつかの方法がありますが、最も効果的な方法は、ハイブリッド種子が稔る母親系統の花粉を遺伝的にできなくすることです。この雄性不稔系統は、花粉親系統の花粉の飛散によって確実に受粉します。多くの植物種でハイブリッド種子生産のための雄性不稔系統が利用可能です。たとえば、ソルガム、イネ、ライムギ、ヒマワリ、ナタネ、テンサイ、野菜の多くなどです。トウモロコシの育種には遺伝的な雄性不稔性も使用できますが、母方の植物から雄花を物理的に取り除くことが一般的です。雑種交配システムが導入できれば、ハイブリッド作物は将来的に増えると予想されます。現在、日本の野菜の種苗会社の多くはハイブリッド種子による品種を販売しています。

多くの飼料植物（イネ科のチモシー、マメ科のクローバーなどの牧草）は他殖性で、雄しべと雌しべのある花がついても自殖しません。この場合、育種では交配組合せが示す雑種強勢の程度「組合せ能力」に基づいて、最良のきょうだい家系を選抜します。高い組合せ能力を示す植物は一緒に栽培して放任受粉し、その子孫から「合成品種」が育成されます。

種間交配と倍数体の育種

作物につかわれるいくつかの植物には種間雑種が含まれており、自然交配による雑種と、人工交配による雑種があります。よく知られているのは、ナタネ、イチゴ、および多くの柑橘系の果物です。販売されているほぼすべてのランとユリは種間雑種です。

1930年代の初めに、倍数性（染色体数 n の倍数で示す）が高等植物の進化に重要な役割を果たしていること、いくつかの重要な栽培植物（コムギ、ジャガイモ、サツマイモなど）が倍数体であることが発見されました。染色体数の増加によって、細胞や栄養器官が大きくなることもわかりました。このため、人為倍数体を作ることへの関心が高くなりました。四倍体種には4組の相同な染色体があり、六倍体には6組あります。現代の普通系コムギ（*Triticum aestivum*）は六倍体であり、6500年ほど前に、栽培種で四倍体のエンマーコムギ（*T. dicoccum*）と野生種で二倍体のタルホコムギ（*Aegilops squarrosa*）との自然交配よって生まれました。つまり、雑種は三倍体で、その後染色体が倍加して六倍体になり、今日私たちが知っているコムギができました。これはおそらく植物育種の長い歴史の中で最大の出来事で

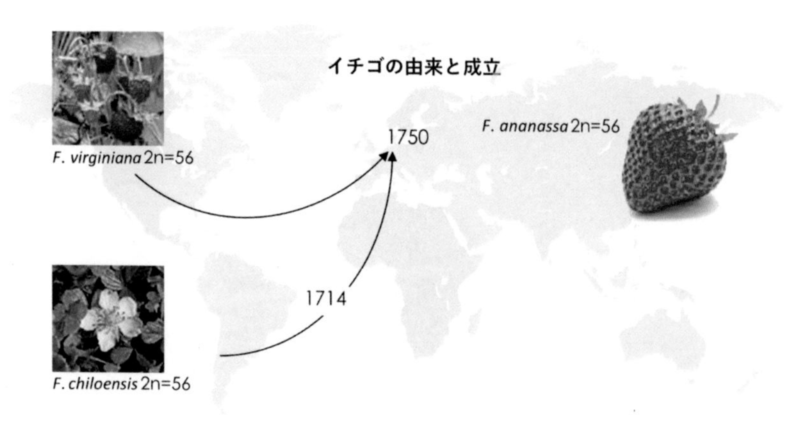

3. 9.現代のイチゴ、*Fragaria ananassa*は、18世紀にヨーロッパに導入された2つの野生のアメリカの*Fragaria*種の交配に由来し、どちらも56本の染色体を持っています。14本の染色体を持つ野生のヨーロッパのイチゴ（*Fragaria vesca*）は、現在のイチゴの成立には関与しませんでした。

あり、先史時代に、人間の関与なしに自然に生まれたのです。

ナタネ（*Brassica napus*）も、キャベツとカブの二倍体種間の自然交配に由来し、その後、染色体数が自然に倍加して生まれました。染色体数が二倍になった新しい雑種が人為的に作出され、新しいナタネの品種も生まれました。さらに、私たちが育てる植物種にはサフラン、クロッカスやバナナなどの三倍体（3組の染色体を持ちます）も含まれます。

人為倍数体化は、例えば、四倍体のデュラムコムギ（*Triticum durum*）と二倍体のライムギの組み合わせであるライコムギ（Triticale）を育成するために利用されました。ペレニアルライグラスなどの牧草もこの方法で開発されました。レッドクローバーの染色体数も倍加して、四倍体のレッドクローバーが作物として定着しています。テンサイの古い品種では三倍体が使われ、二倍体と四倍体のいずれよりも収量が高かったものの、現在栽培されているほとんどの品種は二倍体のハイブリッド品種になっています。

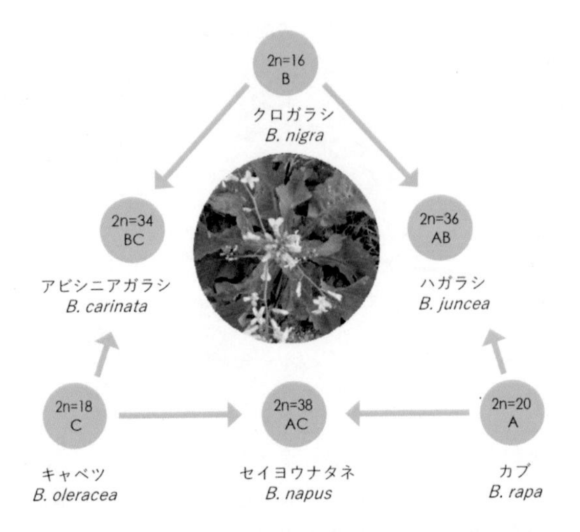

3.10.有名な禹（ウ）の三角形。1930年代、禹長春はさまざまな栽培種と野生種のアブラナ属植物がどのように関連しているか、3つの二倍体種の交配とそれに続く染色体数の倍加によって3つの栽培種がどのように出現したかを示しました。3つの二倍体種は異なる染色体セットを持っており、カブ、クロガラシ、キャベツのセットはそれぞれA、B、Cゲノムと呼ばれています。

人為変異育種

1920年代後半、米国の研究者は、X線と特定の化学物質による処理が人為変異、つまり個々の遺伝子の変化を引き起こすことを発見しました。

この発見で、変異誘発が植物育種のための新しい強力な手段になることが期待されました。このため、X線、ガンマ線、中性子などの電離放射線、および変異原となる化学物質の利用が試みられました。また、有用変異の頻度を増やし、処理を制御するために多くの努力が払われました。努力にみあうほどの成果はなかったものの、人為変異を含んだ多くの品種が育成されました。そのような人為変異の顕著な例は、オオムギの「日長不感受性」です。オオムギは通常は温帯の夏季にあたる長日での成長に適しているのですが、この変異によって、日長の短い亜熱帯地域で一般栽培することができるようになりました。

オオムギで作出された変異体は、その表現型の生化学的研究に大きく貢献しました。

3.11.人為変異の誘発に関する研究と育種によって、多くの新しい品種が生まれました。特に、1950年代から1960年代にかけて、何千ものオオムギ変異体が作出されました。以下はいくつかの例です。A：変異体の「三叉芒（ぼう）」では、外側の穀皮（外穎）が丸みを帯びた先端に変形し、時には穀粒に成長します。B：原品種（右）と葉に明確な枯死斑がある「壊死」変異（左の3枚の葉）。C：通常型（右）と外側の小穂の護穎（左、伸長型外側護穎）に芒がある変異体。D：密穂の変異体「Erectoides」（左）と原品種（右）。写真：Udda Lundqvist

長い間、テンサイの栽培は非常に手間がかかり、機械作業が必要でした。その理由は、一つの種子に通常2〜3個の胚が含まれるので、発芽した苗を間引かなくてはならないためです。1950年代初頭、各種子に１つの胚のみを含む変異体が発見されました。長期間の交配作業を経て、1960年代半ばに、単胚種子のテンサイ品種が販売され、大成功を収めました(4.2参照)。テンサイの改良は、雄性不稔性と倍数性に基づく洗練された雑種開発による高度な技術になりました。

変異の人工的な誘発は、栄養繁殖植物および観賞用植物にも適しています。1980年代半ば以降、人為変異が農業用植物の実際の育種に使用されることはめったにありませんでした。しかし、GM技術が政治的理由で利用できなくなると、人為変異による改良への新たな関心が再び高まっています。

細胞および組織培養

植物細胞および組織の培養には、胚、生長点（細胞分裂が起こる組織）、卵細胞、雄しべ、花粉粒、細胞、および細胞壁のない細胞（プロトプラスト）などが使われます。培養は実験室内の栄養培地を含むシャーレで実施され、バイオテクノロジーによる植物育種の重要な技術になっています。また、種子を形成できないバナナ、柑橘類、種無しブドウなど、従来の育種法が使えない植物の育種でも培養技術は重要です。自殖性植物を花粉培養して植物体に再生する際には、染色体数を倍加する技術も使用されます。このようにして、遺伝子型を短期間でホモ接合にでき、たとえば、イネ、コムギ、オオムギの品種開発を2～4年短縮できます。

種ができてもそれが栽培には向かない植物種もあります。このような場合（たとえばリンゴやナシ）は、接ぎ木で栄養繁殖します。つまり別の品種の植物の「台木」に、成長させたい品種の小枝「穂木」を接ぎます。私たちの庭にあるリンゴとナシの花に実がつくためには受粉する必要がありますが、それらの果実の果肉とその中にある種子の核の間には決定的な違いがあります。果肉は、実のつく品種から遺伝子、つまり味やその他の性質が由来します。したがって、品種「ふじ」のリンゴの木は、「ふじ」の果肉を持つリンゴが実ります。逆に、種には母方と花粉側の両方の遺伝子があり、すべての有性受精と同様に組換えがおこります。したがって、種をまくと、ほとんどの場合味の悪いリンゴの実る色々な株が育ちます。

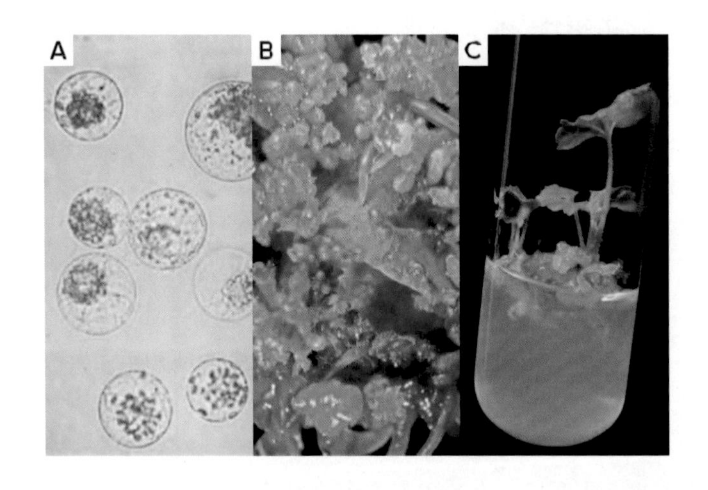

3.12.細胞および組織培養技術は、現代の植物育種において重要な役割を果たしています。プロトプラスト（A）は、細胞壁のない植物細胞であるため、液体栄養培地中で球形になります。異なる種のプロトプラストを融合させて、交配ではできない雑種を作ることができます。(B) の固形栄養培地上の組織片は再生し、多数の新しい植物体（ここでは*Begonia cheimantha*）を育成できます。（C）は未分化細胞塊（カルス）からの植物体（*Pelargonium zonale*）の再生を示しています。写真：（A）Roland von Bothmer、（B、C）Margareta Welander

多くの植物種にとって、挿し木などのクローン株による繁殖は非常に簡単であり、園芸ではごく一般的に使われます。ゼラニウム、フクシア、ペチュニア、その他の植物はもっぱら挿し木によって繁殖します。挿し木による繁殖に適さない種では、細胞や組織の培養、つまり土壌ではなく培地で繁殖させることもあります。細胞培養は特殊で高度な植物育種にも使用されます。例えば、プロトプラスト融合を使えば細胞を付着して2つの種の染色体と細胞質の全てを持つ合成種を育成できます。このような技術は通常、EUでは遺伝子組換えに関連する法律によって規制されていませんが、我が国の規制では、「科」を超える細胞融合は遺伝子組換え実験に該当します。なお、細胞融合は植物種単位の遺伝子の変化が関係するため、自然におこって個体が維持されることはありません。

植物育種2.0-現在の植物育種

形質転換および遺伝子組換え植物

形質転換とは、通常の交配を使用せずに、生物にその生物以外の「外来」遺伝子を導入することをさします。遺伝子は、研究者によって設計されたものや、無関係な生物に由来する場合もあります。特定の技術によって形質転換された植物、動物、または細菌は、遺伝子技術に関する法律によって、形質転換、遺伝子組換え（GM）、または遺伝子組換え生物（GMO）とみなされます。法律は1980年代当初、細菌の遺伝子組換えのために開発された技術を定義したものですが、この技術はそれ以降この分野の研究に革命をもたらしました。

GM植物を生産するための最も古く単純で頻繁に使われる方法では、土壌細菌アグロバクテリウム・ツメファシエンスからのTi（腫瘍誘発）プラスミドを使用します。プラスミドは、染色体には含まれない細菌のゲノムです。1970年代に、アグロバクテリウムが多くの植物種に感染し、腫瘍を発生させる過程が解明されました。その際、Tiプラスミドの特定の領域が植物の染色体の1つに挿入されることが示されました。このようにGM植物を作るためには、植物に腫瘍を引き起こす細菌の遺伝子を、目的の遺伝子と置き換えます。通常、導入される遺伝子は別の植物に由来しても「そのまま」使用できますが、より遠縁の生物に由来する場合は、GM植物で機能するように「再設計」する必要があります。

3.13.開花中のシロイヌナズナをアグロバクテリウムと界面活性剤の懸濁液に浸すとGM植物ができます。ただし、GM植物は所管官庁からの特別な許可なしに取り扱えないため、自宅でこれを試さないでください。日本の法律では厳しく禁止されています。写真：Stefan Jansson

多くの双子葉（２つの子葉を持つ）植物といくつかの単子葉（１つの子

葉を持つ）植物は、アグロバクテリウムを使用して形質転換することができます。単子葉植物の場合、他の形質転換法のほうが簡単ですが、それでも今日ではほとんどの作物をこの方法で形質転換することができます。シロイヌナズナ（*Arabidopsis thaliana*）は世界中の理学系の植物学者に使われている植物の1つですが、その花を界面活性剤の含まれたアグロバクテリウムの懸濁液に浸すだけで形質転換できます。

遺伝子が何をしているのかをどうやって知るのですか？

植物育種で遺伝子技術を使用するための大事な準備は、導入する遺伝子の特定です。ほとんどの遺伝子は、mRNA（メッセンジャーRNA）の形でそのコピーを生成します。これは、対応する配列を持つタンパク質をつくるための「鋳型」となります。タンパク質は、細胞の構造を決め、多様な反応や工程を進めて「触媒」することによって、細胞群、つまり生物個体の特性を決定します。個体のすべての細胞は同じ遺伝子を持っています。これらの遺伝子は一部の器官でのみ活性を示して他の器官では非活性となることや、様々な条件または発育段階で特異的に活性を示すことがあります。遺伝子研究は、双子葉植物のシロイヌナズナと単子葉植物のイネ（*Oryza sativa*）の2つのモデル植物に集中しています。しかし、2000年前後の遺伝子配列解析技術の急速な発展によって、これ以外の植物種における遺伝子機能の情報が劇的に増大しました。うまいことに、特定の種の遺伝子機能がわかれば、それに相当する他の種の遺伝子機能についての情報が得られます。これは、遺伝子が類似のDNA配列を持っているか、類縁性が高ければ遺伝子の並ぶ順序が進化の過程で保存されて、同じような機能または性質を持つためです。

遺伝子が何をしているかを知るために、GM 植物がよく使われます。一般的な方法は、特定の遺伝子を非活化（ノックアウト）して、生物の特性に影響しないようにすることです。不活化された遺伝子を持つ植物とその遺伝子がもとのままである植物を比較すると、不活化された遺伝子の機能がわかります。あるいは、遺伝子の活性を高めて、どの機能が強化されるかを確認することもできます。遺伝子技術を使用して遺伝子の発現量を減少または増加させる方法は、現在のところ利用が限られていますが、この技術が使えるようになれば、将来の植物育種において重要な技術となるでしょう。

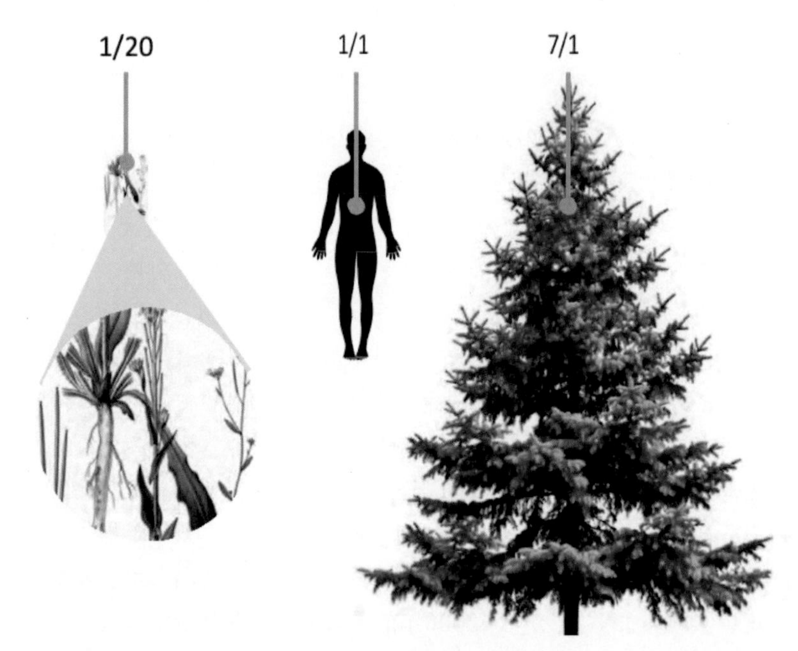

3.14.植物種が異なれば、ゲノムサイズも大きく異なります。シロイヌナズナのDNAは人間の1/20に過ぎませんが、オウシュウトウヒ（最大のゲノムの1つを持つ種）は人間の7倍のDNAを持っています。しかし、これらの種の遺伝子数はそれほど違いません。

植物育種における遺伝子技術

1980 年代、最初の植物が形質転換されたとき、植物遺伝子の機能はほとんど知られていなかったので、形質転換された遺伝子の多くは細菌またはウイルス由来でした。したがって、細菌またはウイルス遺伝子によって変化する特性、たとえば除草剤の耐性または特定のウイルス病への耐性を標的にすることくらいしかできませんでした。今日、私たちは何万もの植物遺伝子の機能を知っており、それらはすべて植物育種に使用することができます。関連する植物種の遺伝子、同じ種の別の植物個体の遺伝子、さらには関連のない種の遺伝子が使用される場合もあります。遺伝子工学は、植物育種が扱うあらゆる特性を変えるために役立つのです。

植物育種 3.0-明日の育種

GM か GM でないか、それが問題です

2000 年以降、GM 植物の開発と解析の研究が飛躍的に進歩し、さらにジェノミクス（ゲノム研究）、種内および種間の自然変異の研究に大きな進展がありました。多数の植物種のゲノム(完全な遺伝因子)が解読され、さまざまな形質を制御する遺伝子を特定するための情報が得られました。過去 10 年間の生物学の最大の成果の 1 つは、種内の個体の DNA 配列の変異を評価できるようになったことで、変異情報は植物育種に使用できます。個体変異は非常に大きいこともあり、たとえば、2 つの市販のトウモロコシ品種の DNA 配列の 3 分の 2 は同じですが、残りの 3 分の 1 は異なっています。

2000 年代の技術開発により、従来の植物育種と遺伝子技術を利用した育種（つまり植物育種 1.0 と 2.0）の境界はあいまいになりました。

分子マーカー

植物ゲノムの知識と分子マーカーの充実は、伝統的な交配と選抜に大きな影響を与えました。分子マーカーは、育種家が植物材料の目的遺伝子を識別するために使う DNA 配列です。今日では、分子マーカーによるゲノム全体の DNA の特徴を利用して、交配親が選ばれています。このおかげで、効率的な育種が可能になり、小さな効果を示す多くの遺伝子によって制御される量的な有用形質をより安く選抜できるようになりました。これには GM 植物が必要ないので、実用的に大きな効果があります。さらに、アグロイノキュレーション法とい

う遺伝子改変技術を使えば、このプロセスは効率化します。例えば、果樹など、長年花が咲かない植物の育種では、遺伝子工学を駆使して早期に開花させることで、世代交代を大幅に短縮することができます。育種の効率は世代数に直接依存するため、早期開花は効果的です。この技術で使用される遺伝子は、得られた植物が市場に出る前に交配によって除かれるので、改変されていない植物の遺伝子や特徴しか含んでいません。このような植物について、多くの国はおそらく遺伝子組換えとは見なしません。

雄性不稔性、つまり植物が花粉を生産できないことは、多くの作物のハイブリッド品種を生産するために長い間使用されてきました(上記を参照)。ハイブリッドトウモロコシの種子生産では、雄花を含む植物の上部ごと取り除くという大規模で費用のかかる作業が行われますが、植物が機械的損傷を受けない生産体系を利用すると、より高い収量と品質が得られます。この新しい技術では初期工程において遺伝子組換えトウモロコシ自殖系統を用いますが、生産されるトウモロコシには導入遺伝子が含まれません。

自然変異の範囲内である遺伝子発現の変化

研究目的で生産された GM 植物の大部分は、選抜用マーカーを除いて、他の生物からの遺伝子を含みません。それらは他の種からの遺伝子によるトランスジェニックではなく、「シスジェニック」であり、同じ種内の1つまたは複数の遺伝子の発現を増加または減少させているだけです。ただし、使用されている技術に基づくと法律上は GM 植物と同様に扱われます。現在の科学的知見によると、遺伝子発現の違いは種内の自然集団で一般的に存在し、自然変異によって作り続けられています。EU 食品安全機関(EFSA)や日本の環境省および農林水産省等の所轄当局は、シスジェニック植物によってもたらされるリスクが、伝統的な育種によって生み出されるリスクよりも大きいまたは小さいかは考慮していません。法律が制定されたとき、この自然変異と同じレベルの変化をもたらすシスジェニック技術に危険はほとんどないという知識はありませんでした。それがあれば、日本のように遺伝子組換え作物がほとんど商業栽培されないという状況は異なっていたかもしれません。

標的変異

自然集団に存在する目的形質をもつ遺伝子の変異体は、効果的に同定できるようになりました。この技術を使うと、作物にすでに存在する遺伝子変異を改変する育種法として使える可能性があります。この場合、別の種から（トランスジェニック）または同じ種の別の個体から(シスジェニック)目的の遺伝子変異を導入する必要はありません。この変異は、自然変異または放射線または化学物質による人為変異の「これまで育種で使われてきた」誘発法によって得られる変化と同じですが、標的変異です。ゲノム編集といわれるこの標的変異を起こす方法の１つは、「ジンクフィンガーヌクレアーゼ」を使用します。これは、おおよそすべての生物に見られる亜鉛含有タンパク質の一種で、ゲノム内の特定の部位を認識して結合し、DNA鎖を切断（損傷）します。この損傷が植物によって修復されると、修復された鎖は元のDNA鎖と異なる場合があります。この違いがゲノムの所定の部位に変異を生じさせます。また、転写活性化因子様エフェクターヌクレアーゼ（TALEN）を使用しても、同じような結果が得られます。この方法は目的のDNAを導入することなく、植物に変異をおこすことができます。試験管や細胞培養で同じヌクレアーゼを生成し、遺伝子を導入せずに植物に挿入することも可能です。さらに、それらの人工ヌクレアーゼの関連技術(オリゴヌクレオチド特異的変異誘発、ODM)を使用して、除草剤耐性ナタネが開発されています。最近開発されたCRISPR（クリスパー）技術は、標的変異を生成するのにはるかに効果的です。CRISPRで改変された植物をGMと見なすべきかどうかについては、第6章で説明します。最終産物は自然変異と同じであるため、この問題は複雑です。CRISPRを使うための手法は2013年以来、飛躍的に発展してきました。科学者や植物育種家はこの技術を急速に使い始めており、近年、CRISPRで改変された多くの植物が開発されています。その中には、標的とされた点変異を持つ植物もあれば、DNAがわずかに欠損した植物、新しいDNAが挿入された植物などもあります。

ゲノム編集技術による変異導入は3つの種類に分けられます。特に少数塩基を改変する場合は、植物に元来ない形質を加える技術ではないので、いわゆるGM技術とは目的が異なります。SDN-1(site directed nuclease 1)では、人工制限酵素を用いて標的配列を切断し、切断されたDNAが修復される際の少数塩基の挿入や欠失が生じます。これによって生じる変異は自然変異と全く同じで、変異の場所は選べるものの望み通りの塩基配列になる確率は高くありません。SDN-1は、遺伝子組換え技術等で細胞内に導入した遺伝子が植物に残っていないことが確認できれば、日本ではGMOとしての規制の対象になりません。一方、SDN-2およびSDN-3は、標的配列を切断すると同時に、別のDNAを切断部位に挿入する技術で、2023年現在、わが国ではGMOとしての規制の対象になります。SDN-2では、目的の場所に設計通りの数塩基の挿入や欠失を正確に導入可能でき、変異導入後の宿主のゲノム配列は、自然変異やSDN-1による変異と見分けがつきません。SDN-3は長い遺伝子断片を挿入する技術で、外来遺伝子を目的の場所に正確に導入する遺伝子組換え技術です。

植物育種の基盤-基礎育種と遺伝資源

従来の方法を使用して最初の交配から新しい植物品種を生産するには、室内試験、圃場試験、品質検定、栽培試験、その他の特性検定を含む8～10年ほどの複雑な作業が必要です。次に、新しい系統/品種が正式に承認されて販売される前に、2～3 年の栽培審査が必要です。したがって、育種事業には終わりがありません。たとえば、既存の病原菌が新しい地域に広がり、新しい菌の系統が出現し、病気への抵抗性が急速に崩壊するなど、環境が変化する可能性があるためです。さらに、生産者と消費者の需要は絶えず変化しています。したがって、育種家は約10年先の市場の需要を把握している必要があります。

育成期間が長くかかるため、育種家は継続的に新しい品種を開発する必要があり、通常危険性の高い材料ではなく、成功率が高い材料を使います。したがって、一般的には、対象となる栽培地域に適応していない野生種や他の地域の在来品種などの「遠縁」の素材ではなく、すでに高度に改良された育種素材が使用されます。前者は興味深い遺伝子を含んでいるかもしれませんが、多くの望ましくない特性も持っています。その結果、遠縁の材料の使用は育種工程を大幅に延長し、新しい品種を市場に出すのに10年ではなく15〜20年もかかる可能性があります。これは商業的観点からは長すぎる期間です。このため、育種の手法でよくつかう「最高のものと最高のものを交配して、よりよい何かを得る」という言葉に要約されるように、現代品種の遺伝的変異は減少しています。一方、分析手法の自動化により、より効率的で大規模な試験、早期の選抜、および育成時間の大幅な短縮が可能になりました。これらの進歩により、植物育種にとって世界的に最も重要な作物であるトウモロコシ、ダイズ、ワタ、イネ、ムギ類、ナタネなどの育種は加速しており、植物のバイオテクノロジーは重要な役割を果たしています。

基礎（事前）育種

広範な遺伝変異の利用は、それが必要となる将来のために重要です。古い栽培品種と近縁の野生種には、収量と主要形質の改良のための遺伝変異が含まれています。しかし、育種と遺伝解析のためにむやみに遺伝的基盤を広げるのは、時間と労力の無駄です。このため、育種家の多くは、現代の品種やその系譜上の系統以外の遺伝資源を扱うことをしませんでした。

北欧や中欧では、栽培条件に適応していない遠縁の遺伝資源を使用するため、実用品種の育成の前に、基礎育種という作業があり、育種と重要な連携が必要になります。これまでは「未開発の」遺伝資源の使用に対する育種家の反対のために、遺伝資源保存施設すなわち「ジーンバンク(下記参照)」の材料は十分に活用されていませんでした。効果的な基礎育種プログラムを実施する必要性は、ジーンバンク、学者、育種業界、および様々な利害関係者によって、現在広く共有されています。種苗会社は、気候変動と環境問題の観点だけでなく、より広範な遺伝材料を利用して市場の需要を満たす必要性を理解しています。さらに、社会は、遺伝資源の使用に対する支援の必要性を認識しています。このため、基礎育種プログラムは、ドイツ、フランス、イギリス、北欧諸国を含むいくつかのヨーロッパ諸国で進められていますが、日本ではまだ一般的ではありません。

世界のジーンバンク（遺伝資源保存施設）

ロシアの遺伝学者ニコライ・イリイチ・ヴァビロフ（Nikolai I. Vavilov）は、将来の植物育種のために、在来品種の幅広い遺伝的変異を維持することの重要性を理解していました。彼らは 1910 年代から 1920 年代に世界中を旅して、栽培植物の直接の祖先のみならず、多くの在来品種や近縁野生植物の種子を収集しました。これは、現代のジーンバンクの概念の基礎となりました。今日、世界中に約 1,500 のジーンバンクがあり、多くの国が独自の国内ジーンバンクを設立して、国または周辺地域の遺伝資源を保存しています。いくつかの地域では、国が力を合わせて地域のジーンバンクを形成しています。その例として、南部アフリカ開発共同体（SADC）、北欧 5 か国が共同で支援している植物遺伝資源センター「NordGen」などがあります。CGIAR（国際農業研究協議グループ）は、食糧安全の向上と維持に従事する組織を結集する世界規模の共同体です。CGIAR 機関は、主要作物または担当地域で重要な作物についての地域ジーンバンクを設立しています。たとえば、フィリピンには国際稲研究所（IRRI）があり、メキシコにある CIMMYT は世界中のコムギとトウモロコシの改良を担当しています。国際乾燥地農業研究センター（ICARDA）は以前シリアのアレッポにありましたが、本部をモロッコのラバトに移し、主にオオムギや多くのマメ科の作物など、乾燥地域で栽培する作物の育種と保護を担当しています。公的な国立または地域のジーンバンクに加えて、植物育種会社は独自のジーンバンクを持っています。これらの施設では、企業が頻繁に使用する系統の遺伝的性質に関する非常に詳細な情報とともに、長い時間をかけて収集された貴重な材料が保管されています。

日本においては、農水省が農業生物資源ジーンバンクに植物遺伝資源を保存しており、2022 年時点の登録数は約 23 万 6 千点で、そのうち半数程度を配布しています。学術用の遺伝資源としては文部科学省のナショナルバイオリソースプロジェクトが収集・保存・提供をしており、イネ、コムギ、オオムギ、ダイズなどについて、中核となる研究機関ごとに事業を実施しています。また、地方公共団体の一部、種苗関連企業においても育種事業等に必要な種苗が保存されていますが、配布については制限されていることが多いようです。

現在、世界のジーンバンクには合計で 700 万を超える種子サンプル(登録系統)がありますが、ある程度は重複しています。つまり、いくつかのジーンバンクには同一の品種または登録系統のサンプルがありますが、重複のない種子サンプルの推定総数は約 200 万です。しかし、ジーンバンクの体制は非常に脆弱です。多くのジーンバンクの運営は、自然災害、戦争、または技術的な問題を抱えています。したがって、すべてのジーンバンクにとって、その遺伝資源が重複して別の場所に確実に保存されていることが重要です。そのような貯蔵庫のひとつがスバールバル諸島に設置された世界種子貯蔵庫で、世界中のジーンバンクのバックアップが岩盤内の保存庫に保管されています。

ジーンバンクの目的は、現在および将来の研究と育種の可能性を最大化するために、できるだけ多くの遺伝的多様性を収集して保存することです。また、個々の系統に関する知識を蓄積する必要があります。遺伝変異に関する情報がない系統にはほとんど価値がなく、病害抵抗性、ストレス耐性、および品質特性などについて評価されている系統ほど価値は高くなります。

これまでは、ジーンバンク、学術研究コミュニティ、および実際の植物育種家の間の協力が不十分でした。ジーンバンクは、遺伝資源の保護の役割に集中し、種子の利用への関与を避けてきました。育種家は、以前はジーンバンクに頼らなくても、予測される育種目標に十分な遺伝的変異を利用できると考えてきました。研究者は一般に、特定の研究のための一部の種子系統を使うためにジーンバンクを使用してきました。これらのアプローチは現在、根本的に変化しており、異なる立場の担当者が連携して、さらに実り多い協力関係ができています。

3.15.スバールバルの世界種子貯蔵庫–世界のジーンバンクのための安全な重複保存施設。写真：佐藤和広

3.16.遺伝的変異は、育種圃場（上）、独自の種子保存施設、および公的ジーンバンクから利用できます。他殖性作物の品種(下左)には遺伝的変異がありますが、自殖性作物の品種はほぼ完全に遺伝的に同一であるため（下右）、オオムギまたはコムギ畑は「舞踏会場の床のように滑らか」である必要があります。写真：Roland von Bothmer、佐藤和広

4.主な育種家-誰が植物を育種しているか?

私たちは一生懸命やりました-でもチームを作ろうとすると組織替えが必要になりました。私はその後の人生で、新しい状況に直面したときは組織を変えること、そしてこれが進歩のイメージを生み出すための素晴らしい方法であることを学びました…

Gajus Petronius（西暦66年）

19世紀半ば、農業は大きく変化しました。能率の良い農具、技術、機械が製造されて新しい栽培技術が出現し、アメリカとヨーロッパの豊かな農業地域に導入されました。農家は毎年栽培するために自家採種しますが、当時は栽培される在来品種の品質と安定性には大きなばらつきがありました。しかし、病気のない高品質の種子を求めて取引が徐々に発展し、一部の大規模農家によって専門的に種子が生産および販売されるようになりました。そして、多くの作物において、無病害で高品質であるだけでなく、遺伝的に改良された優良種子に対する需要が高まりました。こうして植物育種事業は19世紀にヨーロッパで始まり、政府の援助下あるいは家族経営の多数の小さな会社が設立されました。

20世紀においても植物開発は継続し、世界中で多くの民間企業が設立されましたが、大学や政府機関も育種に関わりました。過去50年間の品種開発は目覚ましいものでした。世界市場で事業を展開する大企業の多くはさらに規模が大きくなり、合併、事業買収、相互所有権の合意が一般的になり複雑化しました。国際的な農薬会社は本業に植物育種と種子生産を加えましたが、現在製薬会社とエネルギー会社は種苗業から撤退しています。近年、バイオテクノロジーに焦点を当てた新しい企業が現れましたが、多国籍企業に徐々に買収されています。ヨーロッパでは、中小規模の伝統的な植物育種会社が多く残っており、一部は国の支援を受けています。しかし、大規模な多国籍企業は、主に政治的な難しさとEUの複雑で経費のかかる規制のために、植物バイオテクノロジー産業をヨーロッパから他の国に移す動きがあります。一方、日本では公的機関による育種事業が多く、種苗の市場規模が小さいために、多国籍企業が種子ビジネスに参入する事例はあまり認められていません。

4.1.現代の植物育種は、ほとんどの地域で、元の地域によく適応した既存の古い在来品種の選抜から始まりました。在来品種は遺伝的に非常に多様であり、大概は収量が低く、多くの病気に感染しました。このため、害虫や病気に対する耐性を高め、より安定した収量を得ることが重要でした。初期の選抜による育種の後、異なる系統間の交配によってより高く安定した収量が得られる育種の時代が始まりました。コムギの育種で北ヨーロッパの育種家は交配親にしばしば英国品種を使用しました。スウェーデン、ウプランド産の在来品種（左）は「English Squarehead」（中央）と交配され、Svalöfの「Pansarwheat」（右）が1915年に育成されました。写真: Matti Leino

ヨーロッパでの植物育種

ヨーロッパには植物育種の長い歴史があり、特に民間企業が古くから非常に活発に活動しました。これは米国とは対照的です。フランスでは、Vilmorin SAは早くも1742年に「種子業」としてスタートしました。ドイツでは、1856年にKleinwanzlebener Saatzucht（KWS）が設立されるなど、1900年代初頭には大小多数の種子会社がヨーロッパで誕生しました。同時に、政府も大きく関与しました。イギリスでは、ジョン・イネス・センターが1910年に、植物育種研究所（PBI）が1912年に設立されました。ドイツでは、マックス・プランク研究所が1928年に設立され、フランスでは、国立農業研究所（INRA）が1946年に設立されました。これらの組織はすべて、当初から植物育種研究に深く関わっていました。また、後述のように国際的な植物育種組織のいくつかはヨーロッパにルーツを持っています。

ドイツでは、KWSは現在も主要な種子および育種会社です。テンサイはその最も重要な作物ですが、トウモロコシ、ライムギ、コムギ、オオムギ、ヒマワリ、ナタネ、ジャガイモの育種にも実績があります。KWSは、北アフリカ、中東、中国、南アメリカの市場を対象とする子会社を新規に買収・設立して成長しました。KWSのほかに、ドイツには中小規模の育種会社が数多くあります。それらのいくつかは、Saaten Unionを通じて新品種の営業面で協力しています。

フランスでは、植物育種事業に占める農業協同組合の関与が大きいのが特徴です。フランスでは、さまざまな規模の約70の植物育種会社が存在します。フランス人が所有する有名な企業には、Florimond Desprez、Euralis、Semences de Franceなどがあります。Limagrainは1965年に設立され、当初はトウモロコシに焦点を当てていましたが、その後、KWSと共同でVilmorin（1975）やNickerson Seed（1990）など、フランスおよび外国の企業を多数買収して、現在ヨーロッパの穀物育種のリーダーになっています。2000年、米国でトウモロコシとダイズを開発および販売するため、LimagrainはKWSとの合弁会社AgReliantを設立しました。今日、LimagrainとKWSは、Bayer-Monsanto、DowDuPont/Pioneer、ChemChina-Syngenta、BASFとともに、世界最大の種子販売および育種企業の1つです。

1970年代にShellが植物育種研究所（PBI）を買収したことを皮切りに、多くの英国企業が外国の所有者に買収されたため、英国の植物育種は国際企業によって支配されています。
オランダには植物育種の長い伝統がありますが、多くの元オランダ企業は現在、国際的なグループの一部で、特に野菜を育種および種子生産しています。オランダが所有するこの分野の2つの企業は、Enza Zadenと Bejo Zadenです。他の2つのオランダ企業、AgricoとHZPCは、世界をリードするジャガイモの育種および種苗生産会社です。
スペインとイタリア、および東ヨーロッパには、国内での主要な植物育種会社がありません。これらの国や地域における主な植物育種の担い手は、伝統的に国家機関であり、国際企業によって補完されてきました。
北欧諸国の植物育種組織の所有者と構成には、育種と植物開発に対する国の強力な支援など、明確な特徴があります。
スウェーデンでは、Lantmännen AB（旧Svalöf Weibull ABおよびSW Seed）と呼ばれる協同組合会社があり、全国の農作物の改良において主導的な役割を果たしています。また、小規模なリンゴおよびジャガイモの公的育種事業がスウェーデン農業大学にあります。
ノルウェーでは、農業協同組合Felleskjöpetと政府が主体となってGraminor AS社を運営しており、国内で栽培されているほとんどの作物の育種を担当しています。また、牧草、ジャガイモ、果物、ベリーの育種およびすべての作物の基礎育種について国が支援しています。
フィンランドにも似たような組織であるBoreal Plant Breeding Ltd.があり、主に国内市場向けに多くの農業植物の育種を担当しています。
デンマークでは、民間企業がすべての大規模な植物育種を担当しています。デンマークの種子生産者が所有するDLF Trifoliumは、主にライグラスやクローバー、芝生用などの飼料植物の育種、生産、販売の世界的リーダーです。また、同社はスウェーデンの会社Hilleshögを買収して、テンサイの種子も生産しています。別々の農業協同組合が所有する2つの小さな会社、Sejet Plant BreedingとNordic Seedは、主にデンマークとその周辺国でオオムギとコムギの種子市場でライバル関係にあります。

アイスランドでの育種は、すべてアイスランド農業大学で国の資金によって行われ、オオムギと飼料作物が中心となっています。

4.2.テンサイは、1700年代後半にアメリカ大陸から輸入されていた高価なサトウキビからの砂糖原料の代替品としてヨーロッパで栽培化されました。糖度は、1920年頃には元来の6〜7%でしたが、育種によって約18〜20%に増加しました。テンサイの欠点の1つは、果実の構造です。元々のテンサイの果実は、しっかりとつながった3つの種子（胚）で構成されています。発芽時には、テンサイ畑で3本の芽のうち2本を取り除く必要があり、これは手間と時間のかかる作業でした。テンサイが作物として生き残るためには、新しい解決策を開発する必要がありました。ヨーロッパと米国の数人の育種家が熱心な研究を開始し、1950年代、何十万もの苗を調べた結果、果実の中に胚が（通常の3つではなく）1つしかない自然変異体を発見しました。多くの育種家の努力によるこの成果によって、世界中のテンサイ栽培が救われました。上： 単胚品種(胚が1つだけ)。下：多胚品種(果実の中に3つの胚が結合している)。写真: Syngenta Seeds AB

アメリカの植物育種-多国籍企業

1930年代まで、米国での植物育種と研究は、主に州立の農業試験場、米国農務省の農業研究所、およびいくつかの民間企業によって行われていました。しかし、1926年にハイブリッドトウモロコシが導入され、Pioneer Hi-Bred Corn Companyが設立された後、いくつかの民間企業が現れました。これらの企業のほとんどは、政府機関や試験場で開発された系統に基づいてハイブリッドトウモロコシを生産および販売する小規模な家族経営の企業でした。この状況は、1970年に種苗法が施行されたのち変化し、企業が育種事業に携わることへの関心が急速に高まりました。1980年の生物の特許を取得できるという米国最高裁判所による決定は、民間育種をさらに刺激しました。これは、特にダイズの育種において、民間による大規模な投資につながりました。1990年代初頭までに、民間は植物育種と関連研究に国の2倍の投資をしました。

長い間トウモロコシ育種で首位にあったPioneerの主な競争相手はDeKalb AgResearch Inc.で、1972年までに両社はそれぞれハイブリッドトウモロコシ種子市場の22%を占めていました。この頃から、規模の大きな企業が小規模な家族経営の企業を買収し始め、さらに、植物バイオテクノロジーが実際の植物育種において重要な役割を果たすことが明らかになると、その傾向は加速しました。Royal/Dutch Shell、ICI、Ciba-Geigy、Sandoz、Union Carbide、Upjohn、Pfizerなどの多くの化学および製薬企業が植物育種に興味を持ち、たちまち約50社を買収しました。

カナダとラテンアメリカ

カナダとラテンアメリカでは、主要な多国籍企業がトウモロコシ、ダイズ、ナタネなどの作物の GM 種子を供給する権利を持っています。また、子会社を通じて、野菜種子の市場の大部分を占有しています。他の作物の育種の多く、例えば穀物は AgCanada など州立の機関によって実施されています。ブラジルの Embrapa は主要な国家機関ですが、ラテンアメリカ諸国では民間の育種会社と種子会社がそれぞれの市場で重要な役割を担っています。

アジア

西アジアにおける農業は、穀物(オオムギ、エンバク、コムギなど)、マメ科植物(ヒヨコマメ、レンズマメなど)、温暖地の果物(アーモンド、アプリコット、メロンなど）の栽培化に続いて始まりました。
1960年代後半に始まった「緑の革命」は、現在数百万ヘクタール以上で栽培されているイネとコムギの半矮性品種の導入により、アジアの農業の風景を一変させました。肥料、灌漑、その他の最新技術を組合せた結果、この地域の穀物の収穫量は50年足らずで3倍になりました。今日、様々な企業がアジアと太平洋地域のために、穀物、マメ科植物、油糧および繊維作物、野菜などの新しい栽培品種の高品質な種子生産と販売に従事しています。独自の育種事業を持っているアジアの民間種苗業のほとんどは小規模農家対象であり、種子会社は小規模農家に適したサイズの包装で販売しています。これらの企業のほとんどは、大規模な国際組織である国際農業研究協議グループ（CGIAR）、国立研究機関、ジーンバンクなどが提供する育種プログラムで改良した育種素材を使用しています。
日本においては、古くからイネなどの穀物や野菜などの伝統的な在来品種が栽培されて、多様性の大きな農業環境が維持されてきました。1868年の開国以降、新しい科学を導入する動きが盛んになり、1883年に農商務省農事試験場が設立され、1903～1906年にかけて全国から在来品種4,000点が集められ、人工交配による品種改良が1902年に大阪府の農事試験場畿内支場で初めて行われたとされています（河瀬私信）。国立大学の農学部や国立農業試験場を中心に、新しい技術や知識を得るための留学や海外からの種苗の導入が盛んに行われました。また、園芸作物については種苗の商品価値が高いため、古くから育種に民間企業が参入しました。また、特殊な事例として、ビール醸造用オオムギについては、ビール醸造会社が独自の育種事業を実施し、官民共同で醸造品質の優れたオオムギを育種しており、現在も継続しています。

アフリカ

アフリカには、アフリカの角にあるアビシニアンセンターと西アフリカセンターの2つの主要な作物多様性センターがあります。シコクビエ、ソルガム、テフなどの穀物、オクラやエンセット（バナナの近縁種）などの野菜、トウゴマやコーヒーなどの油糧作物はすべてエチオピアで生まれました。

国連の国際農業開発基金（IFAD）によると、サハラ以南のアフリカの貧困削減には、他のセクターの開発よりも農業開発の方が数倍効果的です。これはアフリカの貧しい人々の70%以上が生計を農業に依存しているためです。最も重要な植物育種事業は、イバダン（ナイジェリア）に本部を置くCGIARの国際熱帯農業研究所（IITA）のプログラムです。IITAとその協力機関によって育成された穀物（トウモロコシなど）、豆類（ササゲやダイズなど）、根および塊茎作物（キャッサバやヤムイモなど）、果物（調理用バナナと東アフリカの高地バナナ）を栽培しているアフリカの農家は増収の恩恵を受けています。

アフリカでは民間による種子事業が急速に進展しています。東部または南部アフリカから生まれた大小の企業は、穀物、豆類、野菜の新品種の種子について、強力な流通手段で小規模農家を支援しています。民間の育種事業はトウモロコシが中心ですが、ササゲ、ダイズ、トマトも育種しています。アフリカ東部と南部の中小規模の種子企業は、育種素材と育成の進んだ系統をCGIARセンターと世界蔬菜センター（AVRDC）から提供されています。また、民間の小規模事業者は、アフリカ東部および南部の種子生産に従事しています。

2015年までの世界的な発展

遺伝子工学は種子産業の構造に大きな影響を与えてきました。Monsanto は 1982 年に最初の GM 植物を開発し、1987 年に圃場で GM 作物を栽培試験しました。その後、Monsanto は 1990 年代に米国、ブラジル、英国の多くの企業を急速に買収し、1998 年までに世界の種子産業で 4 位になりました。

2000 年に Monsanto は Pharmacia/Upjohn に買収されましたが、Pharmacia は同じ Monsanto という子会社を設立しました。この「新しい Monsanto」は古い Monsanto の農業関連事業を継続し、

Pharmacia は製薬業を維持しました。

Monsanto は 2005 年に世界最大の野菜種子会社（Seminis）、2007 年に綿花育種のトップ（Delta and Pine Land Co.）、2008 年にオランダの園芸種子会社（De Ruiter Seeds）を買収しました。これらの買収後、Monsanto は DuPont/Pioneer よりもはるかに大きくなりました。ほぼ同時に、Monsanto はヨーロッパ市場を対象とした穀物育種を停止しました。

1980 年に最大のハイブリッドトウモロコシ事業としての地位を取り戻した Pioneer は、1986 年に米国でヒマワリ品種の販売を開始しました。その後、同社はインドでもハイブリッドイネの育種を開始し、ナタネ育種を開始し、米国の最大のダイズ種子供給者になり、トウモロコシゲノム解読プロジェクトを開始しました。

それにもかかわらず、Pioneer は、DuPont と Pioneer が 1999 年に合併するまで、バイオテクノロジーにおいて Monsanto に遅れをとっていました。DuPont は強力なバイオテクノロジー研究施設を持ち、Pioneer は世界最大の種子会社としての地位を取り戻し、Monsanto と Syngenta がそれに続きました。

Monsanto は買収と合併によって成長しましたが、Pioneer は独自の事業の継続的な発展によってさらに成長しました。Pioneer は依然として Monsanto の特許のいくつかに大きく依存していますが、その独立性を高めるために多額の投資を行ってきました。

世界の種子市場に大きな影響を与えた企業の 1 つは、スイスの製薬会社 Sandoz AG です。Sandoz は多くの企業を買収しましたが、現在 Syngenta の一部であり、Syngenta は北米のトウモロコシとダイズの種子生産に携わる Garst Seed と Golden Harvest を買収しました。翌年、Syngenta は、Dow、Monsanto、Pioneer、CIMMYT（トウモロコシとコムギの育種の研究と実施のための国際研究所）、EMBRAPA（ブラジルの国立農業研究所）と多くの協力協定を結びました。

ドイツの化学および製薬会社である Bayer は、農芸化学事業を補うために、植物バイオテクノロジーおよび種子生産においても確固たる地位を築きました。同社はヨーロッパ、南北アメリカで多くの企業を買収し、近年ではアジアとオーストラリアで事業を展開することで成長を遂げてきました。Bayer は、香辛料、石油植物、綿花、近年はイネとコムギの改良に取り組んできました。

過去 20 年間、世界的な化学会社である BASF は、農薬への関心から植物バイオテクノロジーへの大規模な投資をしてきました。ただし、他の育種会社や種子会社を購入する代わりに、他の組織と共同契約を結び、独自の研究で発見して評価した遺伝子を使用した GM 植物を育成して販売しました。

別の大手の育種および種子会社である Dow AgroSciences は、広範な化学事業の基盤を持っていました。同社は、耐虫性を高めた GM トウモロコシの育種と、より健康的な植物油の生産に注力しました。

Arcadia Biosciences は、中規模のアメリカの植物バイオテクノロジー企業で、窒素吸収効率、干ばつ耐性、耐塩性に優れた GM 作物を開発しています。同社は環境保護に興味のある慈善家によって設立され、大手種子会社だけでなく、中国やインドの関連組織や当局とも協力することを目指しています。

2015 年以降の継続的な市場集中

過去数年間、大規模な農薬グループの構造変化が続いており、特に 2015 年 12 月に Dow と DuPont の合併が発表されました。新会社は DowDuPont と呼ばれ、発表されたときは農業化学と種子生産を組み合わせた最大の会社でした。Dow と DuPont の 2 社はほぼ補完的な活動を行っていたため、米国と EU の当局は大規模な製品販売について独占禁止に関わる分割を要求しませんでした。2017 年の DowDuPont の推定売上高は 140 億米ドルに達しました。

2016 年 2 月、中国の国営企業 ChemChina が Syngenta に入札し、落札しました。Syngenta は農薬事業の一部を売却する必要があったため、2017 年春に取引が完了しました。それまで ChemChina は研究開発に多額の投資を行わず、主にジェネリック農薬を生産していました。中国は高度な技術力を購入し、世界の他の地域での利用に貢献することによって、自国の食料安全保障を確保するための戦略の一環として、Syngentaを買収したのです。

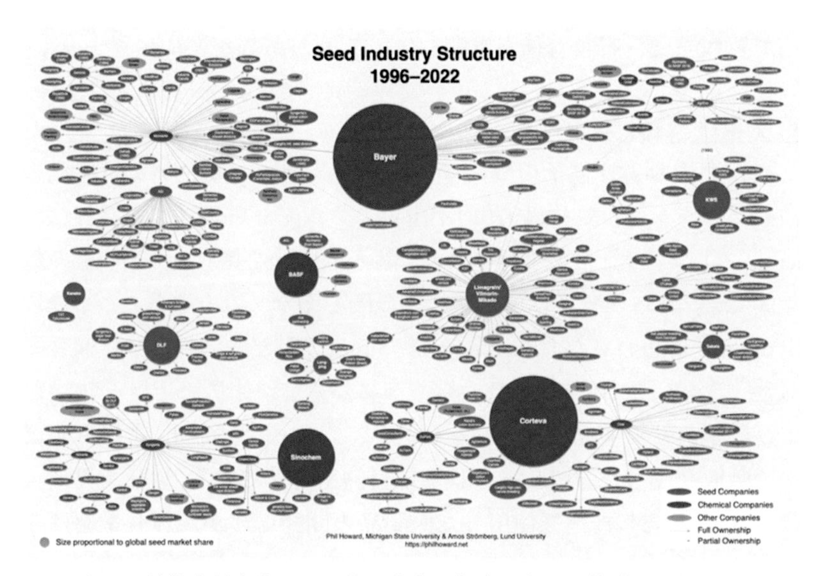

4.3.国際的な植物育種産業はその後、非常に急速な発展を遂げてきました。その産業構造は、合併、所有者の変更、新しい小規模企業の買収、ライセンス供与、相互所有権を伴い非常に複雑です。

2016年9月、BayerはMonsantoを買収し、農薬と種子の生産で最大の企業となりました。翌年のBayerの推定総売上高は230億米ドルでした。Bayerが植物バイオテクノロジー、植物育種、種子事業の大部分をBASFに売却する取引は、2018年春に成立しました。

Bayerが米国とEUの競争当局によって売却を余儀なくされた事業の買収を通じて、他の3つの大企業よりも小さいながら、BASFは植物育種と種子生産で重要な会社となりました。この買収では、ナタネ、ダイズ、ワタ、野菜の事業、およびハイブリッドコムギの開発を対象としています。BASF、Limagrain、KWSは、植物育種と種子市場で同様のシェアを持っていますが、BASF は植物バイオテクノロジーの研究に強く、広範な農薬事業を実施しています。

一方、日本においては、伝統的に公的資金による育種事業が多いことや種苗の栽培面積が小さいこと、GM 作物栽培の制限が大きいことなどから、種苗大手企業の参入は限定的で、Limagrain がミカド種苗を買収して、野菜育種を展開している例があるなどにすぎません。

巨大化は継続しますか？

植物育種および種子市場に参入する異業種の主要企業には時代の波がありました。まず、1970 年代に、エネルギーおよび製薬会社は、石油とコムギの価格の上昇により、参入に興味を持ちました。次の数年間で、これらの多くは種子産業への関心がなくなりましたが、後に Syngenta に加わった Ciba-Geigy や Sandoz など一部の企業は残りました。次に、1990 年代半ばから後半にかけて、米国と EU の化学および製薬会社が植物育種会社を買収し、ノウハウ、材料、市場をすばやく吸収しました。今日、彼らは別の目的を持っており、製薬業界は、GM 植物と同じ技術を使用した医薬品の開発とのかかわりを避けるために育種事業から撤退しました。企業買収は現在、主に戦略的な理由、または企業が新しい地域の市場で足場を固めたいという理由で行われています。主要な企業は、提供する価値のある技術や製品を持っている企業を常に探しています。過去数年の間には、農薬や種子だけでなく、トラクター、機械、設備、家畜育種などの分野でもアグリビジネスに新たな統合の波がありました。

過去 20 年間のもう一つの一般的な特徴は大企業間の協力関係で、広範なクロスライセンスと共同事業の傾向は続いています。彼らは自分たちだけでは研究ができないことに気づき、大学機関と共同で研究プロジェクトを開始するか、そのような研究に対して財政的支援を行っています。助成は、研究費の形で、または大学への寄付を通じて、植物育種家を訓練するために提供されます。その多くが、民間および公的を問わず、志のある組織はすべて、増大する世界人口のために十分な食糧を生産するという重要な目標を達成するために協力しなければならないと主張しています。

1994年には、米国で326の民間植物育種会社がありました。植物育種事業の半数は、10人以上の従業員を抱える35社に雇用されていましたが、残りは従業員の少ない291社に雇用されていました。今日でも、少数の大規模な世界的植物育種企業とは別に約150の育種および種子会社があります。トウモロコシ、ダイズ、ワタの育種では、事実上すべての栽培者が、主にBayerとDowDuPontからのライセンスを通じてGM作物を利用することに依存しています。2009年には、4つの巨大種子会社が世界市場の50%以上のシェアを占めていると推定され、農薬部門でも同等の市場シェアがあります。同様に、ほとんどの栽培者は、少なくとも3〜4の種子生産者からの品種を選択できます。ヨーロッパでは、種子会社の数はまだ多く、選択肢があります。

ここ数十年の市場集中により、農家に種子を供給し、開発を促進する企業は減少しています。2010年には、トウモロコシ、ダイズ、ワタなどのGM技術が使用されている作物に対して、種苗業界の研究開発費全体の76%を8つの大手種子会社が使いました。品種育成者の権利と特許に基づく知的財産保護が強化され、競合する企業が少なくなったことで、企業は利益率を高めるのではないかと懸念されています。しかし、コストの上昇を補うため、また研究開発への投資をするためには値上げが必要でした。大企業はこの問題を認識しており、発展途上国が独自の研究開発能力を構築するために必要な技術(つまり、可能な技術)を使うためにさまざまな提案がなされてきました。これらの問題については、第9章で詳しく説明します。

5.植物品種育成者の権利と特許

-誰の品種なのか?

この問題は複雑なので、この章で説明を試みます。でも
そうすれば、読者の皆さんはますます混乱しそうです…

ルンド大学の学者より

植物遺伝資源の所有権や植物研究の成果の扱いはどんどん複雑になっています。専門家でさえ、どの案件にどの権利が適用されるのか、複数の規制がどのようにかかわるかを完全に理解することは困難です。この章では、この問題について簡単に説明しますが、すべては説明しきれないことをご了解ください。

知的財産

文学作品や芸術作品の著作権、発明に関わる特許、新品種の育成者権、企業の商標はすべて「知的財産権」であり、一定期間所有者に知的財産を商業的に利用する独占的権利を与えます。期間が最も長いのは、文学、音楽、または映像作品の著作権（複製、展示、または放送する権利）で、作成者の死亡後 70 年間適用されます。著作権は、著作物を使用する独占的権利を所有者に与えるだけでなく、著作者の評判や個性を侵害するような著作物の変更やその入手法の変更をできなくする権利も与えます。

知的財産権の目的は、所有者を盗用や複製から保護することです。これにより、所有者は、保護対象の作品または知的活動に対する報酬を受け取ることができます。よく議論される問題は、どの程度音楽や映画を複製し、それらを自由に利用できるか（多くの場合、「著作権侵害」の一形態と見なされる）、禁止する場合はどのように防止するかです。世界最古の特許法は、15 世紀後半ヴェネツィアの職人に対して、まだ製造されたことのない装置に 10 年間の独占的権利を与えたこととされています。近代的な特許制度は 17 世紀にイギリスで始まり、1883 年にパリで工業製品と製造法の法的保護に関する最初の基本的な国際合意ができました。日本ではその直後の 1885 年に、現在の特許法の前身である「専売特許条例」を公布し、特許制度が始まりました。

特許証
(CERTIFICATE OF PATENT)

特許第６８７６３３４号
(PATENT NUMBER)

発明の名称 (TITLE OF THE INVENTION)　形質転換感受性のオオムギの作出方法

特許権者 (PATENTEE)　岡山県岡山市北区津島中一丁目１番１号
国立大学法人　岡山大学

発明者 (INVENTOR)　佐藤　和広
久野　裕

出願番号 (APPLICATION NUMBER)　特願２０１８－５２４１８２
出願日 (FILING DATE)　平成２９年　６月２３日(June 23, 2017)
登録日 (REGISTRATION DATE)　令和　３年　４月２８日(April 28, 2021)

この発明は、特許するものと確定し、特許原簿に登録されたことを証する。
(THIS IS TO CERTIFY THAT THE PATENT IS REGISTERED ON THE REGISTER OF THE JAPAN PATENT OFFICE.)

令和　３年　４月２８日(April 28, 2021)

特許庁長官
(COMMISSIONER, JAPAN PATENT OFFICE)

糟谷敏秀

5.1.特許は、特定の発明から商業的に利益を得る法定と期限付きの権利を与えます。

特許の目的は、一定期間発明を利用する独占的権利を提供することにより、産業的および社会経済的発展を促進することです。そのかわり、発明は、他の企業や発明者がそれを（正当な対価を払って）使用するか、特許を侵害しない他の装置や製造法を使用できるように詳しく記述されている必要があります。発明の特許が受理されるためには、技術的問題の新規な解決策を提供しなければなりません。さらに、「同業者」がよく知っていたり、明白なものではいけません。自然界にすでに存在するものの発見では特許を取得できません。したがって、たとえば、Bt遺伝子の発見は本質的に特許性はありませんが、Bt遺伝子を植物種に導入して、昆虫に対する植物の耐性を高める技術には特許性があります。特許法は国内法です。つまり、特定の害虫に対して効果のあるワタのBt遺伝子の特許は、その特許が出願され登録されている国にのみ適用されます。

植物育種家の権利

20世紀に植物育種が進むにつれて、育成者が新品種の開発に対して報酬を確実に受け取る方法が議論されました。当初、彼らはブランド名を使用していました。つまり、育種会社は社名を使用して自分の品種を区別していました。その後、種子の認証を有料で行う国家品質管理システムが登場しました。より確実な権利保護が必要なため、これに標準的な特許が適さないことは、わかっていました。このため、数年間にわたる議論の後、植物育成者権（または植物品種権、PVR）に関する条約、植物の新品種の保護に関する国際条約（UPOV条約）が1961年に発効しました。さらに、新品種の開発と関連する権利の保護を促進するために、植物新品種保護国際同盟（UPOV）と呼ばれる組織を設立しました。

条約によると、年金を支払うことを条件として、育成者権者（または権利を取得した他の所有者）に保護された品種を25年間（ジャガイモと樹木では30年間）利用する一連の権利を提供します。また、他の誰もが増殖目的で許可なく品種を保有することはできません。しかし、育成者権者に適切な料金を支払えば、広く品種を商業的に使用することができます。たとえば、他国の業者（個人または企業）が、保護された品種の種子を繁殖して販売することが許諾されます。育成者権の対象となっている栽培品種は、研究、実験、および育種素材として、たとえば新品種育成のための交配に、誰でも（ライバル企業を含めて）自由に使用することができます。これは特許との大きな違いです。育成者権は、特許同様国内に及びます。しかし、1991年のUPOV条約の改訂以降、EUを対象として育成者権を申請することが可能になりました。また、EU以外への国々についても国際出願すれば権利範囲が及びます。育成者権は、ハイブリッド品種を含むすべての栽培植物の品種に対して取得できます。

品種を保護するためには、その品種が外観（形態的）または他の重要な点で他の品種と十分に区別できるかどうかを確認する必要があります。また、世代を重ねた場合にも大きな遺伝的変化がなく、繁殖後も十分に均一で安定している必要があります。

作物の新品種の種子をEU内で販売するには、その国の品種登録のリストに含まれている必要があります。リストに含まれるためには、識別性、均一性、および安定性が確認されている必要があります。また、少なくとも2年間、収量、耐病性、実用品質など定められた重要形質で、品種リストの他の品種と同等か優れていることを示す必要があります。育成者権または品種登録リストで保護されなくなった古い品種は、EUの特別保護リストに含まれて、無償で認定種子の販売ができるようになります。また、日本でも同じように無償となります。園芸作物の品種については、同じような栽培形質の評価は必要ありません。新品種の種子または種苗は、育成者権の申請が提出される前の少なくとも1年間、またはEU以外の国では4年間、EU内で商業目的に販売または取扱われてはなりません。また、品種を保護するために、品種名の登録および承認も必要です。

1991年のUPOV条約の最新の改訂によれば、条約を批准（公式に検証および採択）した国は、国内法によって、作物の登録品種に関する重要な権利を栽培者に与えることができます。この権利によると、農家が収穫した種子を自分の農場で再使用する自家採種ができますが、他の人に転売したり配布したりすることはできません。これは、ハイブリッドおよび合成品種を除くほとんどの農作物に適用されます（第3章を参照）。

農家が自家採種する場合に育成者がすべての対価を失うことを避けるために、EUの育成者権では、育成者はいわゆる自家採種の経費を請求できるようになりました。ただし、EUの小規模農家で20ヘクタール未満の穀物と油糧作物の栽培の場合はこれが免除されるため、自家採種種子を無償で使用できます。

より規模の大きい生産者で育成者に補償金を支払う責任のある場合でも、EUの規則では、対価は合理的で正規の採種種子の価格よりも大幅に低い水準にすべきであるとしています。

通常、対価は許諾料の約50%ですが、栽培している品種や栽培面積に関する情報を農家が提供することを義務付ける法律はありません。

さらに、ほとんどのEU加盟国には、農場が自家採種した種子の料金を徴収するシステムがまだありません。米国、カナダ、アルゼンチン、ブラジルなど、UPOV条約の他のほとんどの署名国では、農家は代償額を支払うことなく自家採種種子を使用できます。このように、農家が認定品種の種子を使用する範囲については議論の余地があり、法制度によって権利と制約がまちまちです。

一方、日本においては、省令で定める栄養繁殖植物以外の植物に係る自家増殖については、農業における慣行から、育成者権者の許諾を得ずとも行える行為とされてきました。しかし、海外への種苗の流出など、違法行為が抑止できないことなどから、令和2年の種苗法改正以降は農業者による登録品種の自家増殖にも育成者権の効力が及ぶこととし、育成者権者の許諾を必要とすることになりました。

現在の植物育種関連の規制には、植物バイオテクノロジーの発展への対応に関する条項も含まれています。最も重要なのは、「従属品種」の概念です。これは、別の新規な形質以外は保護された品種と基本的に同一である新品種を指します。従属品種は、新規な形質をもつ植物に保護された品種の交配を繰返す（戻し交配）か、精密な植物バイオテクノロジー技術を使用して開発します。

例えば遺伝子を改変して、害虫に対する抵抗性を高める場合、新品種を登録して育種者権を得るためには、元の品種に係る権利者の許可が必要となります。これは、虫害抵抗性Btなど特定の遺伝子が、植物育成者の権利がおよぶ品種に導入された場合、元の品種の所有者が対価を請求できることを意味します。

特許

1930年以降、米国では特定の法律（植物特許法）に基づいて接ぎ木または挿し木によって栄養繁殖する植物品種の特許を取得することが可能でしたが、保護は他の特許ほど強力ではありませんでした。1980年、UPOVに基づく育成者権に関する法律は成立しましたが、

1985年には早くも裁判所の判決により、植物の品種について通常の特許出願を出願することが許可されました。ただし、特許の内容が新規性、有用性、および「進歩性」（特許の対象となる発明と「以前のもの」との間の違いを指す漠然とした用語）の要件を満たしている場合に限ります。これは、1991年のUPOV条約改正の際の広範な議論につながり、植物育種家の権利または特許のいずれかでの品種の保護が可能となりました。これまでのところ、米国だけがこのシステムを利用しており、特許による品種保護は米国でのみ有効である可能性があります。すなわち、米国で特許によって保護されている品種は、他の国では育成者権でのみ保護されることを意味します。

1980年の米国最高裁判所による注目すべき判決では、油流出を処理するためにGM細菌を使用する特許が承認されました。これは、例えば他の改変細菌が、特定の薬品原体の生産のために特許を取得できることを意味します。そして、植物バイオテクノロジーの発展に伴い、米国だけでなく多くの国で、分子生物学的手法に基づく植物関連の発明を対象とする特許を取得することが可能になりました。中でも、このことで作物への除草剤グリホサートに対する耐性遺伝子導入の特許が可能となりました。他の特許の例としては、Btを産生する遺伝子の導入による、ビートウェブワームとしても知られるトウモロコシガなどの昆虫に対する耐性があります（Btとその使用の詳細については、第2章を参照のこと）。

特定の遺伝子を導入する技術がほとんどの国で特許を取得できるようになったため、特許の問題に関する米国とその他の国との違いは小さくなりました。たとえば、Bt形質が商業的に保護されている品種に導入された場合、結果として得られる品種は米国の特許によって保護されますが、世界の他の地域では育成者権によって保護されます。ただし、遺伝子の導入は、世界的には特許によって保護されます。これが、生物が特許を受けることに反対している人々の、GM作物に対する批判の背景にあります。

日本の状況は米国に近く、特許で技術的内容を権利化できます。例えば、品種育成の方法やDNA配列等についても特許で保護することができます。従って、特許では品種登録していなくても、出願して権利を取得することができますが、種苗法では、登録する品種が存在している必要があります。

当初、特に米国の特許当局は、幅広い特許を認める方針でした。一例はナタネの形質転換に関する特許で、アグロバクテリウムを用いて植物にDNAを挿入する技術の特許をもつCalgene社を、Monsanto社が買収しました。この広範な特許が失効すると、Monsantoや他の大手企業が植物バイオテクノロジーの主導権を維持する機会が減少します。

5.2.「ラウンドアップ対応」ダイズ。第1世代品種に対するMonsantoの特許は2015年に失効しました。写真：ウィキメディアコモンズ

特許当局は徐々に権利制限をするようになりましたが、CRISPRテクノロジーを包含する特許（下記参照）のように、特許承認後異議申し立てされる例があります。対象となる発明の新規性または進歩性が不十分であると高等裁判所が判断した場合、特許は高等裁判所によって無効にされる可能性があります。一方、正当な許諾または支払いなしに、発明を利用して特許を侵害し使用した場合、損害賠償や罰金を支払う義務を負う可能性があります。

これは大手のバイオテクノロジー企業間で多くの論争を引き起こし、小規模な事業者に植物開発活動を開始することを思いとどまらせ

てきました。特に、Monsantoは、除草剤耐性ダイズを栽培するブラジルの生産者から許諾料を取得するために、ブラジル農家の支援制度を含む、積極的な活動をしています。同社はまた、アルゼンチンの生産者に許諾料の支払いを請求しましたが、栽培開始時にアルゼンチンで特許出願をしなかったため、支払いしないことは長い間受け入れられていました。しかし、近年、Monsantoはアルゼンチンの多くの大規模農家と合意に達し、彼らはラウンドアップ耐性ダイズの使用に対して許諾料を支払う義務を負っています。

Monsanto は米国とカナダで生産者が除草剤耐性の GM 品種のナタネとダイズから自家採種しないことに合意するシステムを導入しました。同社はこのシステムを厳格に管理しており、侵害の際には損害賠償が請求されます。その事例の 1 つは、カナダのナタネ農家であるパーシー・シュマイザーに対してでした。彼は、自家採種した種子から栽培した除草剤耐性のナタネは、隣人のナタネ畑から風によって運ばれた花粉が受粉したためと主張しました。しかし分析の結果、彼が育てていたナタネの 95%以上が除草剤耐性であり、花粉が風で運ばれたことでは説明できませんでした。

このような場合の問題のポイントは、特許権者が発明を管理するあるいは利益を得る権利が、農家が自家採種する権利を上回るかどうかです。この問題は複数の機関で議論されましたが、カナダ最高裁判所による最新の判決によれば、双方の主張が認められています。裁判所は、特許による会社の権利を認めましたが、シュマイザーが損害賠償する必要はないとの判決を下しました。特許権者が自家採種した種子の代償を受けとるには、料金を徴収し、侵害を監視するためのシステムが必要になるからです。

ヨーロッパでは植物品種の特許を取得することはできず、GM 品種の栽培は非常に限られていますが、植物育種においても特許の問題が重要になっています。CRISPR（第 3 章を参照）などの新しい遺伝子改変技術は、作物の新しい形質を承認する当局（第 6 章を参照）だけでなく、育成者権の解釈にも新しい問題をもたらしています。植物育種家がCRISPRを使用して遺伝子に標的点変異を導入した場合(可能な限り最小の遺伝的変化、つまり植物のDNAの1つの「塩基」を改変)、それによって新しい耐性または別の新しい特性が作成されますが、それは特許出願可能で新品種として登録できるでしょうか？

デュポンが特許出願した複数のナタネについては現在 EU で審議中ですが、ヨーロッパの育種会社は新しい植物の価値に疑問を投げかけています。1つ目は、オレイン酸含有量が高いナタネで、天ぷら油の製造や、マーガリンで使用する場合に油を加工する工程を減らすことができます。2つ目は、ほとんどの育種家が使用するハイブリッドナタネ育種システムに関するものです。これらの特許出願はいずれも、最適な育種技術かどうかヨーロッパのナタネ育種家が疑問を持っています。このような理由から、ヨーロッパの育種会社は、育成者権によって保護された新品種だけでなく、特許についても監視する必要があります。

その他の国際条約

1990年代の2つの合意により、植物育種の規制が複雑化し、結果的に大幅に増えることになりました。すなわち、1992年にリオデジャネイロで開催された国連環境会議で準備された生物多様性条約（CBD）と、1994年のGATT（関税と貿易に関する一般協定）に基づくTRIPS（貿易に関する知的所有権）協定です。CBDは生物多様性を保護するために導入され、原産国は自然に存在する、または国境内で伝統的に使用されている遺伝資源を所有するとしています。TRIPSの下では、植物の品種は特許から除外できますが、その場合は、育成者権など、別の形式の知的財産保護が利用できる必要があります。このため、発展途上国を含む多くの国がUPOV条約に署名しました。現在、78か国と超国家組織（EUなど）がUPOVに加盟しています。これには、ヨーロッパ39か国、アジア10か国、南北アメリカ16か国が含まれます。アフリカの4か国もUPOV加盟国であり、17か国はアフリカ知的財産機関の加盟国です。アフリカ知的財産機関は、育成者権の策定、実施、解釈など、知的財産に関するすべての問題を処理するために加盟国の情報を集約しています。

5.3.植物遺伝資源へのアクセスは、多くの国際協定によって管理されています。たとえば、ライプツィヒ宣言に基づく食糧と農業のための植物遺伝資源の保全と持続可能な利用のための世界行動計画(1996)、食糧と農業に関する植物遺伝資源に関する国際条約(2003)、および生物多様性条約への遺伝資源へのアクセスおよび利用から生じる利益の公正かつ衡平な分配に関する名古屋議定書(2010)があります。

CBDの下で、栽培作物のための重要なジーンバンクを持ついくつかの発展途上国は、遺伝資源の提供に対する代償を要求しました。このため、遺伝資源を収集して関連する研究をする機会は非常に限られることになりました。継続的な交渉の結果、2004年には、農業および食用植物の植物遺伝資源に関する国際協定が結ばれました(食料・農業植物遺伝資源条約、ITPGRFA)。この条約の核となる要素は、遺伝資源の利用国が提供国に補償することを目的とした多国間システムの確立です。この多国間システムを通じて、植物育種家は、生産された品種が制限なしに利用可能になるという条件で、条約の付属書に記載されている60の作物とその近縁野生種の遺伝資源を利用することができます。しかし、提供国はシステムを通じて補償をほとんど受けておらず、利益分配を増やすための長い交渉が続いています。解決策としては、利用者が料金を支払う加入システムがあります。育種者権によって保護されている品種は、他の植物育種家が交配のために自由に使用することができます。遺伝資源を使用して育成者権で保護される新品種を育成した場合でも、少額の料金が返還されますが、品種が特許をもたらす場合はかなり高い割合になります。その仕組みに関する公式の議論は、本書の執筆時点(2023年)で継続されており、特に材料交換のための手順(「標準材料提供同意書」、SMTA)および関連する管理手順の改訂が行われています。

2014年に発効した名古屋議定書（2010）は、遺伝資源を利用し、その結果得られた利益の一部を原産国に還元するためのCBDの仕組みを定めています。同時に施行されたEU規則の下で、植物育種家は、新しい品種を育成するために使用した遺伝資源がどのように使われたかを示さなければなりません。この遺伝資源はCBDまたは名古屋議定書の発効以降に導入された場合に適用されるので、日本ではまだ事例が少なく、正式な手続きで導入されて、育種に使われた遺伝資源はほとんどありません。名古屋議定書の発効日以降に利用する場合は、それらの遺伝資源を所有する国からの許可、利用条件に関する合意、または遺伝資源が国際的に知られたジーンバンクの公式収集系統から（適切な手順で）利用可能になったことを示す記録も必要です。名古屋議定書は、食料・農業植物遺伝資源条約の対象とならない植物種に適用されます。公的育種、または将来の事業育種のための遺伝的基盤を拡大するための基礎育種に従事する大学および研究所にとって、これらの手順は書類手続きの増加を招きます。

遺伝資源へのアクセス

一つの条約の条項に関する一か国の状況は理解できるかもしれませんが、複数の条約と複数の国の法制度の相互作用から生じる政治的および規制の枠組みを理解することはほぼ不可能です。企業育種に従事する個人および組織は、GM であるかどうかにかかわらず、植物育種を継続するために、その活動に対する対価が必要です。しかしながら、企業が投資の対価を受け取る権利を主張しても、多くの人々は原則として「生物特許」に反対しています。この二分法の重要で、見過ごされがちな側面は、多くの GM 植物とその育種家に特許が関係していないことです。なぜなら、ほとんどの GM 植物、特に公的資金や基礎研究目的で開発された植物は、特許を取得していないか、権利保護されていません。さらに、近い将来、特許性がありながら GM に分類されない効率的な新技術が生まれる可能性があります(第3章を参照)。この分野の進展とその結果を予測しながら、GM 技術の規制を変えることは、不可能ではないにしても、困難です。必然的に、この問題の複雑さは、研究者と一般市民の両方に誤解と不確実性をもたらします。そのため、この問題は国際的に政治的および社会経済的な議論をよんでいます。生物多様性条約の採択以来、遺伝資源へのアクセスと利用に関する問題への懸念が大幅に高まっており、エクスティンクション・レベリオン（温暖化に対する社会・政治的な市民運動）の世界的な台頭は明らかになりつつあります。このように、生物科学の発展と私たちの食糧供給を取り巻く問題は、あらゆる政府および社会経済レベルでますます関連するようになり、倫理的、政治的、感情的な議論が続いています。

6.リスク-本当か、ただの恐れなのか？

Nec scire fasestomnia
-すべてを知ることはできません。

Horace

植物育種における分子生物学の潜在能力と有用性が明らかになって以来、GM作物の負の影響について数多く研究されてきました。また、法律家と利害関係者の両方がGM作物の影響を確認してきました。その結果、日本を含めたほとんどの国では、商業栽培だけでなく、圃場試験や品種試験をする前に、GM作物の野外栽培のリスク評価のための厳しい手続きが必要になりました。

GM植物に関する法律と規則

GM植物の使用に関する法律が制定される際には、過去の法律や主務官庁などが、GM植物に関する規制の導入とその解釈に大きく関与しました。たとえば、米国では、GM植物の変異の種類に応じて、意思決定が3つの当局にまたがっていたため、「縦割り」の議論が必要でした。EU内での物品の移動は、EUの掲げる4つの基本的な「自由」の1つであるため、GM植物も、EU共通の指示のもとに各国の当局が規制するとしました。この共通ルールは非常に厳格になりましたが、これは、その時点で、GM技術が開発されたときに発生するリスクについての知識がごく限られていたためです。法律の基本は、GMOの定義に含まれるすべての植物が、人間の健康、動物への影響、環境/生態系へのリスクについて推定および評価されることです。リスク評価と許可には3種類の手続きがあります。1つは「封じ込め使用」、つまり温室や実験室での植物の取り扱いです。2つ目は、圃場試験で、国レベルで管理された、基準を満たした場所での期間を定めた屋外栽培です。3つ目は、業としての栽培で、当該国が一元管理している、国内での栽培に関する一般的な承認です。法律の重要な柱は、改変された品種を、元の品種と比較することです。封じ込め使用と圃場試験のリスク評価と承認は国家当局が管理します。

GM新品種の市場導入の承認は国家あるいはEUレベルの作業です。また、EUの場合すべてのEU加盟国がEU全体に適用される共同決定を行うことになります。欧州食品安全機関(EFSA)は、リスク評価を担当し、加盟国の管轄当局、一般市民および文献上の見解を勘案します。その後、欧州委員会は決定案を発表し、加盟国は承認に賛成または反対票を投じます（第8章参照）。この規制は、GM植物の定義に該当する植物のみを対象としています。一方、それ以外の品種や植物種に関連するリスクについては、いずれの当局によっても評価されません。評価にかかわるこの問題は、GM植物の法律家ではなく、一般的な生物安全法の専門家によって指摘されています。重要なのはGM植物が作出されたときに意図せずあるいは予測できなかった変異が起きる可能性です。GM植物が環境および人や動物の健康にもたらす可能性のリスク研究へは大規模な投資が必要ですが、加えてこのリスク評価とライセンス供与には、申請者と責任当局の両方に多大な費用がかかります。ある植物バイオテクノロジー関連企業は、GM製品の登録についての許可取得に1,000万～2,000万ユーロ（15～30億円）の費用がかかると見積もっています。

EUでは、リスク評価は技術に対して行われます。つまり、法律で遺伝子組換えと定義されている技術で開発された植物のみがリスク評価とライセンス供与の対象となります。しかし、それ以外は評価されず、栽培許可を必要としません。世界の他の地域では、別な規制があります。たとえば、カナダの法律では、植物の生産に使用されている技術に関係なく、「新しい特性」を備えた植物の評価が義務付けられています。その特性とは、以前にカナダで栽培された品種には見られず、環境に影響を与える可能性のあるものです。米国の法律の考え方は根本的にこれとは異なり、他の国でも異なる解釈を示しているものの、一般にGM品種の栽培への道は難しく、費用がかかり、予測不可能であり、通常は科学的評価ではなく政治的決定に左右されます。

日本で遺伝子組換え作物を利用するには、栽培した場合の環境影響評価（農林水産省および環境省に申請）が必要で，この際，組換え体をどのように育成したか，目的とする遺伝子，遺伝子を組み込んだベクター，遺伝子の導入方法とその数などの情報が必要となります。ただし、要件を満たしていても、日本で実際に栽培されている遺伝子組換え作物は花卉以外ありません。さらに食品とする場合には食品衛生法および食品安全基本法に基づく安全性評価を受けることが義務付けられています。従来の食品と同じく食べても安全であることが確認された遺伝子組換え食品だけが、販売を許可されます。また、遺伝子組換え作物の飼料としての安全性は、農林水産省によって「家畜に対する安全性」と「畜産物の人に対する安全性」の二つの側面から審査されています。

海外で開発された遺伝子組換え作物の場合、この審査をクリアした遺伝子組換え作物だけが日本へ輸入され、国内での流通、利用、栽培などを許されます。日本において遺伝子組換え農作物の輸入，流通，栽培が承認された遺伝子組換え作物は，2022年3月時点でアルファルファ5件，カーネーション8件，セイヨウナタネ17件，ダイズ30件，トウモロコシ92件，ワタ38件など10種類の作物，計195件となっています。

リスクはどのように評価されるべきですか？

多くの製品では作成過程に関するリスクを当局が評価し、それらの使用を許可するか、不許可とするかを決定します。化学物質、車、医薬品、GM植物などの新製品については、当局は事前に決められた手順に従って評価します。その際、リスクが発生する確率とその結果の両方を考慮します。ただし、GM植物については、直接的および実際に起きた影響だけでなく、起こり得る間接的および事後の影響も考慮する必要があります。

1980年代の遺伝子操作技術の初期では、データや技術の不足によって、改変された植物の特性の予期しない変化とそれに伴うリスクの評価はできませんでした。これは、法制定と世論の両方に影響しました。今日では、何百万ものGM植物が、世界中の企業、大学、国の機関によって開発、分析されており、十分な技術情報があります。植物の全遺伝子を特定するだけでなく、糖、アミノ酸およびその他の微量成分を測定するための効果的な手法も開発されています。このような情報によって、植物の予期しない変化も合理的に確実に推定できます。

GM植物と親系統を比較するためには、すべての遺伝子のmRNA発現量（第3章を参照）を比較する研究がよく行われます。その結果、両者のタンパク質、mRNAの差異は従来の植物育種で開発された種内の品種変異よりはるかに小さいことがわかりました。この結果は、リスク評価の主要原則に疑問をもたらしています。つまり「伝統的な育種法による」品種間の違いはリスクがないと見なされるため、評価されません。さらに、GM品種とその親との間の「予期しない違い」はこれより小さいため、GM植物のリスク評価の必要性を正当化できないのです。これは実務上の由々しき問題です。技術が未熟な段階では予期せぬ事態も想定して法律を厳しく適用することが必要ですが、現在把握できるGM技術によるリスクは、従来の「安全な」植物育種技術よりもはるかに低いことが示されています。

何を比較対照とするのがよいのでしょうか？

GM植物のリスク評価で比較される対照は改変されていない元の品種です。この対照品種（または植物種）自体が人間や環境に有害かどうかにかかわらず、評価するのは遺伝子組換えによって追加のリスクが発生したかどうかです。一方、薬物は複数の物質を反応させて化学的に生成されますが、薬物のリスク評価の重要な基準は、それが原料よりも危険であるかどうかではなく、人間にいかに危険であるかです。薬品や化粧品などの製品もこの方法で評価されますが、GM植物の評価は根本的に異なっています。

「対照」を使用するというこの原則は、独特な結果を伴います。菌類病に抵抗性となる遺伝子を持つGM植物のリスク評価で、考慮される唯一の基準は、遺伝子の導入がリスクを高める可能性があるかどうかです。たとえば、導入された抵抗性で殺菌剤使用量が少なくてすむか、または健康を脅かすかび毒（菌によって形成される毒素）による作物の汚染を減らせるかなどの評価はありません。ヨーロッパアワノメイガに耐性のあるトウモロコシは、かび毒の量が少なくなります。これは、アワノメイガに食害されない植物は、フザリウム属などの有害な菌に感染しにくいためです。しかし、この際ヒトの健康上の利点は考慮されません。この異常性を端的に示すと、人間の健康に対する潜在的なリスクが医薬品やGM植物と同じ基準で評価されるなら、ジャガイモなどの多くの普通の食品は市場に出せなくなってしまいます。

6.1.子嚢菌（胞子嚢菌）*Claviceps purpurea*によって引き起こされる麦角の症状を伴う植物。これは、人間に害を与える病害の1つですが、現代の農業では発病が抑えられています。写真：ウィキメディアコモンズ

GM作物に関連するリスクを検討する際の的確な対照の欠如を、交通手段の違いによるリスクの評価によって例示してみます。航空機、電車、車での移動のリスクを比較するために、これらの輸送手段で東京から大阪に移動するときに負傷する確率を比較します。最大値を対照として使用し、他のリスクの高低を計算します。このとき、計算されたリスクは、人々が東京に滞在したままの場合の怪我のリスクとは比較しません。なぜなら、それは大阪への移動ではないからです。しかし、GM作物によってもたらされるリスクについて議論するとき、何も栽培しない場合と比較されることがあります。この場合のより適切な比較は、例えばGM品種と元の品種について1トンのコムギを生産する場合の、環境または人間の健康へのリスクの差異です。

GM植物についての議論においては、大規模農業と小規模農業の差異が複雑に関係しています。GM植物は大規模農業でよく使われるので、小規模農業は生物多様性の維持に有利とされることがあります。世界の耕地利用は確かに動植物に大きな影響を与えました。特に、森林生態系に典型的な動植物は失われ、草原に適応した多くの生物種は農業景観の特徴になっています。さらに、生物多様性は現代の農業景観のような均質な生態系よりも不均質な生態系で高くなるのが一般的です。しかし、大規模農業が景観に与える影響は、栽培品種の生産技術とは関係のない問題です。したがって、生物多様性の観点から小規模農業が大規模農業よりも優れていると主張してGM植物に反対することは、意味のない対照と比較していることになります。

技術の境界の問題

1990年代にヨーロッパで遺伝子工学に関する基本的な法制度が策定されたとき、GM植物とそれ以外の植物との間には明確な区別がありましたが、生物学の急速な進歩のため、不明確な事例が多くなってきています。

CRISPR、TALENまたはジンクフィンガーヌクレアーゼを含む技術（第3章参照）などいわゆる新しい育種技術（NBT）は、標的となる遺伝子変異を作出します。その変異は、自然界で発生する変異、またはGMとされない化学変異原やイオンビーム照射などによって誘発される変異と全く変わらない場合があります。そもそも、外来のDNAがない植物は、染色体の一部の欠失や独自のDNA修復システムによって作成された点変異などのDNAの変化はあるものの、規制から免除されるべきです。なぜなら、この法律は人間と自然を保護することを目的としており、同じ植物が持つ変異は、その起源に関係なく、リスクは同じだからです。したがって、標的変異をもつ植物だけを規制することは非論理的です。また、自然発生した変異とゲノム編集を介して生じた変異を明確に区別できる追跡方法がないため、主務当局は合法性を確認できません。このため、2016年以降、多くの国（米国、ブラジル、オーストラリア、日本など）の当局は、法律の規制対象外と解釈しています。しかし、2018年のEUでの判決は、たとえ外来のDNAがなくても、加盟国がすべての遺伝子改変植物をGMと見なすことを義務付けました。つまり、（外来DNAを含まない）ゲノム編集植物は、ブラジルで栽培された場合はGMOとなりませんが、ヨーロッパの港に到着すると法律的にGMOになります。このため、ゲノム編集植物の取引には許可が必要となります。

別の問題は、シスジェネシス、例えば、GM技術を介して、または同じ（または近縁の）種の個体を交配することによって導入された有用遺伝子を持つ植物に関するものです（第3章を参照）。すなわち、精密に標的改変して育成した植物は結果として得られる植物は同一であってもGMOと見なされます。しかし交配によって生成された場合は、目的の遺伝子の導入のみならず多くの未知の遺伝的変化を引き起こすことがあるのに許可は不要です。

植物育種には、多数の遺伝子が関与しており、その組換えが生じます。GM品種が非GM品種と交配される場合、関連法は結果として生じる品種を新品種とは見なさないため、それらのさらなるリスク評価は必要ありません。ただし、2つのGM品種が交配された場合、新しい品種には再度すべての承認作業が必要になります。同じ遺伝子が形質転換によって同じ種の2つの異なる品種に導入された場合、たとえば、ジャガイモ疫病（*Phytophthora infestans*）に対する抵抗性をもたらす同一遺伝子が2つのジャガイモ品種に導入された場合、それぞれを別々に評価する必要があります。これは、稔性がないために交配できない通常品種のバナナの場合のように、これまでの植物育種が使えない作物に対して適用するならば納得できます。

今日のGM植物は危険ですか？

除草剤耐性

作物に新しい特性を導入することが、人間や環境へのリスクにつながる可能性があるかどうかは、科学的に評価されてきました。最も研究されているのは、除草剤グリホサートに対するもので、この除草剤は雑草など感受性植物のアミノ酸合成機構の重要な酵素に結合して阻害します。グリホサート耐性は、改変された植物が、グリホサートが結合しない変異型酵素を生成できるようにしたものですが、この変異型酵素は自然界にあるものです。

酵素変異体はどれも、それらを含む植物を食べる人間や動物に影響を与えません。問題はグリホサート自体が人間の健康に影響を与える可能性があるということです。この影響は非常に弱いというのが一般的ですが、それでもリスクがあるかもしれないと主張する人がいます。さらに、グリホサートはこれまで育種された作物の栽培においても広く使用されている除草剤であるため、この問題は遺伝子組換えとは特に関係がありません。2012年にフランスの研究者は、グリホサートとGM品種がラットのガンのリスクを高めたと発表しました。しかし、この研究は、明らかにデータを誤って解釈し、実験計画も不十分だったため、学会、所管当局、専門家団体の合意によって却下されました。

グリホサート耐性植物の使用に伴う環境への影響についても多くの研究がありますが、結論はさまざまです。除草剤耐性作物に切り替えると、相互作用によって除草剤の総使用量が増加する場合と減少する場合があります。グリホサートなどを多用すると、雑草の抵抗性が高まり、除草剤の効果が低下するので、農家が除草剤の使用量を増やす可能性があります。これは明らかに望ましくありません。また、近年、Monsantoが所有していたグリホサートの特許が満了したため値下げしたことで、使用量が増加する負の効果が予想されます。対照的に、除草剤耐性作物の使用は、第2章で説明したように、機械的耕耘の必要性を減らすことで環境にプラスの効果をもたらします。ただし、グリホサートは多くの古い除草剤（フェノキシ酸やパラコートなど）よりも毒性が低く、不耕起栽培を促進するものの、グリホサート耐性植物の利用は、農薬を使わない農業には貢献しません。このように、遺伝子組換えであるなしに関わらず除草剤耐性は複雑な問題を引き起こします。

昆虫や菌類への耐性

Bt/Cry（結晶性）タンパク質を生成する植物は昆虫に対する耐性が高まりますが、ヒトやペットへの影響は報告されていません。むしろ、殺虫剤の使用が減るため、背負いの噴霧器で大量の殺虫剤を散布していたインドのワタ農家の健康は改善しています。6.2ではインドの農家の自殺率がGM綿花の栽培に切り替えた後に増加したという主張をしていますが、これには根拠がありません。実際、栽培条件の改善が予想されるので、ワタ農家の圧倒的多数が耐虫性の綿花品種を選ぶようになりました。

初期の室内研究では、米国のオオカバマダラがBtトウモロコシの栽培によって影響を受ける可能性が示されました。しかし、追跡調査では逆の効果が示され、蝶の減少は、Bt トウモロコシの導入前に始まった他の要因によることが示されました。実際には、農家がBtトウモロコシに切り替えた後に非選択型殺虫剤の散布量が減少して、オオカバマダラを含む昆虫相には良い効果を示しました。

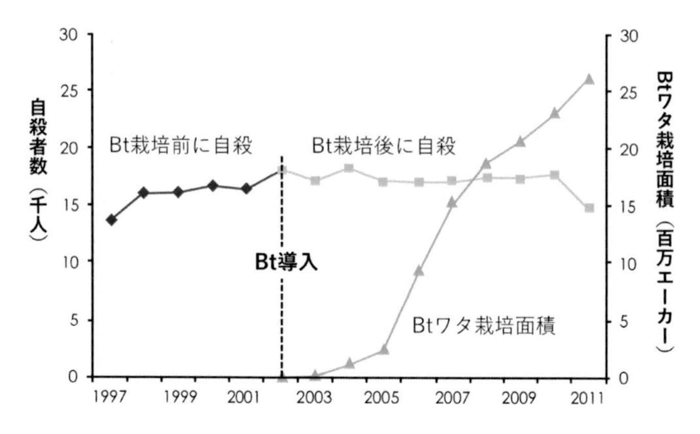

6.2.インドに Bt ワタを導入する前後のインド綿花農家の自殺率。1 エーカーは0.40 ヘクタールに相当。Qaim(2014)

6.3.オオカバマダラは、Btトウモロコシの栽培によって脅かされることはありません。写真：ウィキメディアコモンズ

害虫はCryタンパク質に対する耐性を発達させることも知られています。ただし、この現象はCryタンパク質やBtを含むGM植物が作出される前から報告されていました。害虫が遅かれ早かれ物質に対する抵抗性を発達させることはよく知られていますが、できれば長時間持続することが望まれます。これまでの植物育種あるいは遺伝子工学で導入された耐性には、短期的あるいは長期的な効果のいずれの場合もあります。

耐虫性作物を栽培すると、害虫の頻度が増加するかどうかが議論されてきました。中国では、Btワタに隣接する畑で害虫の問題が増加しています。しかし、これは、Btワタの導入によって殺虫剤の散布が減り、以前は散布した周辺の畑にも及んでいた殺虫効果が減少したためです。さらに、時には逆の効果があります。たとえば、インドでのBtワタの大規模な使用により、害虫の個体数が減少し、天敵の個体数が増加したため、耐性のない品種の農薬散布も減少しました。これは、ほとんどの化学農薬にはない、対象となる害虫のみに効果のあるBt作物栽培のプラスの副作用です。つまり、他の昆虫（花粉受粉者、害虫の敵など）はBtの影響を受けないためです。

菌類病に対する遺伝子組換えによる抵抗性作物の生育への影響に

関する研究は、商業栽培が少ないため、ほとんどありません。しかし、菌類病を起こす真菌によって産生されるマイコトキシン(かび毒)は、人間や動物に健康被害をもたらします。殺菌剤の適用による人間と環境への影響は、耐病性品種を使用することで回避できますが、その実態はあまり知られていません。ただし、健康、環境、および経済上の理由から、殺菌剤の使用を減らすことが望ましいことは間違いありません。

その他の特性

栄養価が向上する効果のある GM 品種の多くは、開発中または計画段階にあります。その例として、ビタミン A 欠乏症の人にとって有益な β-カロテンの含有量が強化された植物や、グルテンアレルギーを引き起こす種類のグルテンを欠くコムギがあります。GM 植物が「偶然に」有毒またはアレルギー誘発性になる可能性があるという主張がありますが、植物に有毒物質またはアレルゲンを生産する遺伝子を意図的に導入して毒性またはアレルギー誘発性になる可能性を除いて、根拠がありません。

遺伝子拡散

私たちが栽培する農作物は、一般的に農家が栽培する畑の外ではぜい弱ですが、栽培植物の遺伝子は花粉や種子を介して農地を越え、同じ作物が栽培されている他の圃場、または関連する野生植物に広がる可能性があります。このような遺伝子の広がりは、あらゆる作物の栽培で発生し、GM 作物と従来の品種の栽培で同じ程度に発生します。遺伝子の拡散は生態学的リスク評価の面から GM 作物の厳密な隔離を求める意見があります。ただし、この問題の議論は混乱していることがよくあります。

生態学的リスク評価

EU における GM 作物の野外栽培の申請においては、生態学的リスク評価に 2 つの段階があります。第 1 に、改変された遺伝子が、種子または他の器官を通じて、または GM 植物から受粉した野生植物を介して、栽培地以外の生物に広がるリスク、第 2 に、遺伝子組換えによる遺伝子が自然界で維持されるリスクです。

日本の農林水産省では、(a)雑草化して他の野生植物に影響を与えないか（競合における優位性）、(b)野生動植物に対して有害な物質を生産しないか（有害物質の産生性）、(c)在来の野生植物と交雑して遺伝子が広がらないか（交雑性）の観点から審査をしており、EU とほぼ同様な基準でリスクが評価されています。

GM 作物の広範な研究とリスク評価では、GM 作物の特性が同種または他種の野生個体群で永続的に確立されることが望ましくないという例は報告されていません。これは、花粉や種子を介して広がる遺伝子が野生の個体群で確立されるためには、他の変異よりも選抜上の有利性、つまり進化生物学の用語でより高い「適応度」を備えた変異である必要があるためです。集団内に広がる遺伝子を研究する集団遺伝学には、1930 年代にまでさかのぼる確固たる理論的基盤があります。したがって、GM 作物のリスク評価は、科学的解釈と経験に基づいて分析できます。

農業的に優れた特性は、通常、栽培条件以外では生育力がなく、植物に選抜上の優位性をもたらしません。例えば、除草剤耐性は、除草剤が噴霧されない環境では有利ではありません。これは従来の育種による作物でも同様であり、これらの作物は自然界では競争力がないため、環境保全の観点から問題はありません。

遺伝子拡散が自然界での GM 特性の確立につながる正確な研究例が 1 つだけあります。これは、グリホサートに対する除草剤耐性ナタネ(*Brassica napus*)から、ヨーロッパ起源でカナダの外来雑草となっている野生カラシ(*B. rapa*)に、耐性遺伝子が拡大したことです。この研究では野生個体群の次の世代に耐性が遺伝することも確認されました。ナタネと野生カラシを交配した調査対象の 247 個体中の初期頻度は 35%で、雑種の 65%が除草剤耐性でした。3 年後、雑種の割合は 3%に減少し、2%が耐性遺伝子を持っていました。このように、GM 特性は広まったものの、その頻度は急速に減少し、雑種は明らかに活力や競争力が低下しました。

遺伝子工学によって導入された遺伝子が、栽培植物にある約 3 万個の他の遺伝子よりも拡散しやすいという主張に根拠はありません。45 年を費やして複雑な細胞学的方法で交配育種によって導入されたジャガイモ品種「Toluca」の疫病耐性と品種「Fortuna」の形質転換によって導入された疫病耐性遺伝子が良い例です。近縁野生種のジャガイモはヨーロッパにはなく、近縁種のクロナス(*Solanum nigrum*)とズルカマラ(*S. dulcamara*)は栽培ジャガイモの花粉で交配しないため、この抵抗性遺伝子がヨーロッパで自然界に広がる可能性はありません。しかし、もしヨーロッパに受粉できる植物があったとしたら、「Fortuna」と同じくらい「Toluca」からの遺伝子拡散リスクは大きかったでしょう。栽培植物と近縁野生種との間の遺伝子交換は珍しくなく、特に栽培種が栽培化され、祖先型がまだ存在する地域では、数多くあります。栽培化以前の遺伝子交換も、植物の進化や育種の進展に貢献しています。

栽培型のケールとキャベツ（*Brassica oleracea*）は、地中海でギリシャローマ時代に続けて起源しました。最初に栽培化されたのは、野生型とあまり変わらない葉の多いケールで、若い葉や花序を食べました。今日私たちが見ている栽培化されたキャベツは、この単純な葉の形から大きく変化しました（第 3 章を参照）。

南イタリアのシチリア島とカラブリアでは、2,000 年前と同じように、緑豊かなケールの古い品種が今でも小さな農家によって段々畑で栽培されています。ケールとその後誕生したキャベツの利用もローマ時代と同じです。畑の上の崖では、いくつかの野生種（主に *B. rupestris*）が育っており、栽培中のケールと交配する可能性があります。種子と花粉は栽培個体群と野生個体群の間に広がり、低頻度の遺伝子交換が両方向で発生することが研究によって示されています。この遺伝子交換は継続的に生じており、野生型と栽培型の植物両方の自然な発達過程と見なすことができます。

マリアアザミ（*Lactuca serriola*、トゲチシャとも呼ばれる）のヨーロッパの個体群は、栽培レタス（*L. sativa*）からの遺伝子流動の影響を受けていますが、これは問題とはなっていません。このように、遺伝子が伝統的な育種によって伝達されても、遺伝子技術によって導入されても、近縁野生種との間の遺伝子流動の生態学的リスクは同じです。

6.4.イタリア南部では、2,000 年前と同じように、古い品種の緑豊かなケールが小さな農家によって段々畑で栽培されています。野生のアブラナ属植物は、段々畑の上の崖で育っています。

GM 作物の隔離

GM 作物からの遺伝子流動の可能性は、それらを隔離する必要性に関わってきます。これは、GM 作物から近縁野生種への流動だけでなく、GM 作物と、他の畑の非 GM 作物との間の流動にも関わります。GM 作物からの遺伝子流動の影響を受けた非 GM 作物の収穫物には、組換え遺伝子が含まれている可能性があります。ヨーロッパでは現在、これが「汚染」の一形態と見なされており、一部の認証システムでは、たとえば残留農薬のように、作物は販売や消費に適さなくなります。承認されたGM作物はすでに安全であることがわかっているため、この区別は人間、動物、または生態系へのリスクによるのではなく、商業上の理由からです。そのため、このような汚染を避けるために、GM作物と非GM作物の間の最小距離に関する要件を含む包括的な規制の枠組みがあります。有機生産に関するEUの規制の場合、「有機農業」と一般圃場の共存はそれほど複雑ではありません。しかし、現在の認証システムでは、GM作物からの単一の花粉粒が畑の植物に受精した場合、原則として、作物畑全体が認証要件を満たさないことにつながる可能性があります。

では、GM作物はリスクがないのですか？

GM作物がリスクをもたらす可能性については、多くが議論されてきましたが、その回答は、質問がどのようにされるかと、人々の態度と理解に強く依存します。GM作物全般、または除草剤耐性ダイズなどの特定のGM作物がリスクをもたらさないと断言できる人は誰もいません。これは、厳しい制限が必要であることの根拠とされることもありますが、この結論の根底には、「GM作物は他の方法で育種された植物にはないリスクをもたらす」という暗黙の仮定があります。これは、GM技術は一般に、今日私たちが食べている作物を生産するために使用される植物育種技術よりも多くのリスクをもたらさないことを明確に示している多くの研究結果と矛盾しています。これでは、恐れや懐疑論を正当化することはできません。

まとめてみると、これまで実際の農業で使用されてきたGM作物、または開発されたがまだ商業的に栽培されていない植物が、現在栽培されている植物よりも人間または動物の健康に大きなリスクをもたらすことは示されていません。除草剤の不注意または故意の乱用による除草剤耐性雑草の出現は、耐性感染性細菌の出現を促進する抗生物質の乱用と同様に、除草剤耐性のGM作物が栽培されている一部の地域で問題を引き起こしました。従来の植物育種によって栽培作物に除草剤耐性が導入されていたとしたら、同じ問題が発生したでしょう。これは、GM技術自体が特定のリスクをもたらすという見解の正当性の欠如を示しています。

これまでのところ、他のすべての遺伝子改変については、人間の健康への影響について中立的または問題がないことが示されています。これは、開発されたものの商業規模での栽培が許可されていない改変植物でも同じです。科学的な観点から、現在GM関連法の範囲内にないものを含め、これまでに異なる植物育種技術で開発されたすべての品種によってもたらされるリスクを評価することは正当な行為です。しかし、そのようなシステムは複雑で、費用がかかり、不要です。

GM製品の表示

GM製品に一般的に必要なのは「GMO表示」です。現在、EUでは0.9パーセント以上のGM原材料を含む食品または飼料は表示義務があるため、たとえばGM作物の飼料を食べた動物の肉などに、追加の表示の必要があるかどうかが問題になっています。日本では、飼料にGM作物が含まれていても、表示については義務付けられていません。また、米国ではそのような食品を表示する必要はありませんが、任意の表示が増加しており、全国的に統一した表示システムを確立するためのキャンペーンが行われています。ただし、GM細菌や酵母細胞によって生成される大量の食品添加物は、現実的に表示が不可能であるため、表示要件の対象外です。業界は、グルコースやグルタミン酸などの物質がもともとGMOによって生産されたかどうかを追跡できません。つまり、製造プロセス全体を通じて関与するすべての物質の流れを由来までさかのぼって「追跡」する必要があり、製品の分析によって確認することは不可能です。これは、多くのGM作物製品にも当てはまります。不埒な供給者が「GMオイル」をGMフリーとして販売しようとする場合、油がGMナタネに由来するかどうかをさかのぼって判断することは不可能ですが、トレーサビリティが求められます。さらに、GMOを使用して製造された医薬品やGM綿で作られた衣類（ほとんどの綿の衣類と同様）には、特別な表示要件はありません。GMの飼料を与えられた動物の表示要件の取り扱いは困難です。これらの動物は他の動物と何の違いもないため、要件の制御は難しく不正行為も生まれます。

科学的な正当性がある場合、表示は重要になる可能性があります。たとえば、遺伝子組換え製品が非組換え製品より有用であるか、またはアレルゲン物質の含有量が少ない場合、遺伝子組換え製品の表示は意味がありそうですが、そうはなりません。遺伝子組換え製品の表示の要求は、その品質に対する合理的な思考によってではなく、一部は技術に関連する特定の企業への反対によるものです。消費者が特定の会社の製品を識別できるようにしたい場合、例えば製品をボイコットするためには、その製品の製造に使用された種子(GMかどうかにかかわらず)を提供した会社を表示に記載する必要があります。GMO表示をめぐって戦うことは、巨大な多国籍企業と戦うことと同じであり、完全に非現実的です。そのためには、GM技術とこれらの「企業」との間に密接な関連が必要になりますが、関連はもちろんありません。

GM植物のリスクについてなぜこれほど多く語られるのですか？

1970年代に遺伝子技術が初めて細菌に適用され始めたとき、技術のリスクについての懸念がありました。その後、研究者はリスクが調査されている間、自発的な短期のモラトリアムに同意しました。1980年代初頭の植物の遺伝子組換えの初期における同様の懸念により、厳格な規制の枠組みが確立され、潜在的なリスクに対処するための精力的な研究努力が行われました。法律家の意見は、調査結果が利用可能になれば、認識されたリスクの妥当性を示し、適切な承認基準と手順を示せるというものでした。現在、世界中の研究機関で数多くのGM植物が開発されており、多くの企業や公的資金による何千人もの研究者がGM植物を研究しています。

想定されるリスクの分析には、数十億ドルが費やされています。GM作物は、すでに地球上の耕作可能な土壌のかなりの部分で栽培されており(第8章参照)、耕作地での収量が約21%増加し、農薬の使用が約37%削減されています。この効果の主な理由は、虫害抵抗性の品種と病害抵抗性の品種の利用です。この膨大な量の研究と実際の事例からの結論は、想定されたリスクはどこにも認められていないということです。今日でも、10年前と同じような小規模な認証栽培試験を実施することは多くの国で不可能です。商業栽培が承認されたGM作物は、それでもまだ遺伝子組換えの黎明期に開発されたものなのです。

7. 経済、社会、政治的観点からみたGM植物

「私たちの国では、こんなふうに長い間速く走れば、どこかにはたどり着くのです。」とアリスはまだ少し喘ぎながら言いました。「のんきな国ね！」女王は言った。「ここでは、同じ場所にいるためには、必死に走らなければいけません。別の場所に行きたい場合は、少なくともその倍の速さで走らねばなりません！」

ルイス・キャロル、鏡の国のアリス（1871）

ここまで、植物育種の研究状況に加えて、GM技術や関連する法的側面などを要約してきました。しかし、GM植物に関わる問題には、複雑な社会的、経済的、政治的側面があります。これには、研究開発に対する社会の役割に加えて、大企業と中小企業、富裕層と貧困層、社会制度と利益団体などの権力関係が含まれます。このため倫理的な問題と価値観、姿勢に関する活発な議論を生み、そして討論を生成（ときには歪曲）するメディアの役割も問われます。もちろん、これらすべては世論に、さらには政治的決定や法律に影響を及ぼします。

GM作物を使うコストと利点

いくつかのGM作物はすでに入手可能ですが、現在は規制のために栽培されていません。この規制のコストは、以下に示すように見積もることができます。しかし、もう一つの（おそらくより重要な）問題は、長い間課してきた研究開発の規制から生ずる経済的影響です。

数年前、除草剤耐性のナタネとテンサイ、デンプン組成を変えたジャガイモ、疫病抵抗性ジャガイモの栽培をする場合の社会経済的コストが、スウェーデンとヨーロッパ全体について試算されました。これらを栽培することで、より効率的な雑草やジャガイモ疫病の防除が可

能になり、その結果、機械の使用や労働時間が減少し、収量や品質が向上することが予想されました。しかし、GM作物に適用される追加の規則とそれらに対する消費者の対応のために、特に、種苗の購入費、および農家から小売業者までのフードチェーンの経費が増加します。このようにして、分析者はGM技術とGMOの受入れを検討しました。一部の消費者は、たとえ安くてもGM作物を選択しないため、需要に応じて提供するいわゆるオンデマンドでの受入れを考慮しました。また、GM製品を隔離する費用や、製品にGM法の対象となる植物由来の原材料が含まれている場合のラベル表示にも費用がかかります。EUでは1パーセント以上のGM素材を含む農産物は、その存在が偶発的な混入によるものであっても、GMとして表示する必要があります。したがって、GM作物の生産には2つの追加コストが発生します。表示コストと、GM作物が通常の作物と混ざらないようにするためのコストです。また、店舗で2種類の品揃えを維持するためのコストも発生します。食品表示は、消費者が食品を選択する際の目安となるものです。ご存じのように日本でも、遺伝子組換え作物を原材料とする食品には「遺伝子組換え」と、さらに遺伝子組換え作物と非組換え作物を分別生産流通管理せずに使っている場合には「遺伝子組換え不分別」と表示することが義務付けられています。

上記のすべての要因を考慮してGM品種がスウェーデンに導入され、栽培された場合、対象とする3種類の作物の製品価格の引き下げは、消費者に年間約40億円の純利益をもたらすと推定されました。また、年間約3億円に相当する約10,000ヘクタールの耕地を他の用途に転用することもできます。したがって、想定される利益は合計で年間約43億円となり、年間の節約額は、テンサイ、ナタネ、ジャガイモの生産額でそれぞれ約14、11、5%になります。

同様に、現在の収量と面積を想定してEU全体にこれらのGM作物を導入した場合、年間約2,850億円の経費節減と、645,000ヘクタールの耕地転用に相当し、さらに目に見えない環境上の利点があります。この計算は、購入者がGM作物を一般的な作物と同等かよりよいと認識していると想定し、GM作物へ完全移行前後の均衡した時点での比較に基づいています。したがって、潜在的な社会経済的利益の推定値といえます。

GM作物の隔離にかかる経費は、正味の社会経済的利益に大きく影響します。たとえば、テンサイの場合、社会経済的利益のしきい値は約10%です。それ以上になれば、隔離のコストが生産性の向上を上回ります。

GM作物から経済的利益を得るのは誰ですか？

GM作物の導入による経済効果については、特定の国や地域に関する多数の推定値を含めて、多くの情報があります。結論はまちまちで、業界が資金を提供した調査は一貫して、GM作物の導入が大きな経済的利益につながることを示していますが、GM技術に反対するグループが資金を提供した調査は逆の結果を示しています。しかし、学術機関、国連機関、およびCGIAR機関(第3章を参照)では、より客観的なデータと推定値を得ようとしています。この章では、ドイツの経済学教授でパキスタン人のマタン・カイム(Matin Qaim)氏によって収集されたデータとそれに基づく推定値によってGM作物の効果を示しますが、他の研究者もほぼ同様の結論となっています。

世界中のさまざまな状況について、カイムらはGM作物の有用性を検討してきました。Btトウモロコシの導入の場合は、殺虫剤の使用量の減少や、収量の増加について、米国、スペイン、アルゼンチン、南アフリカ、フィリピンで大きな違いがあります。最も明らかな効果は、殺虫剤が多用されていたスペインなどでの殺虫剤使用量の減少と、殺虫剤の使用が少ないために食害が大きかった南アフリカやフィリピンでの増収です。GM作物によって、トウモロコシ栽培の収益性は1ヘクタールあたり3,000〜18,000円程度増加しました。南アフリカでは、大規模な農場よりも小規模な農場での経済効果が大きいこともわかりました。

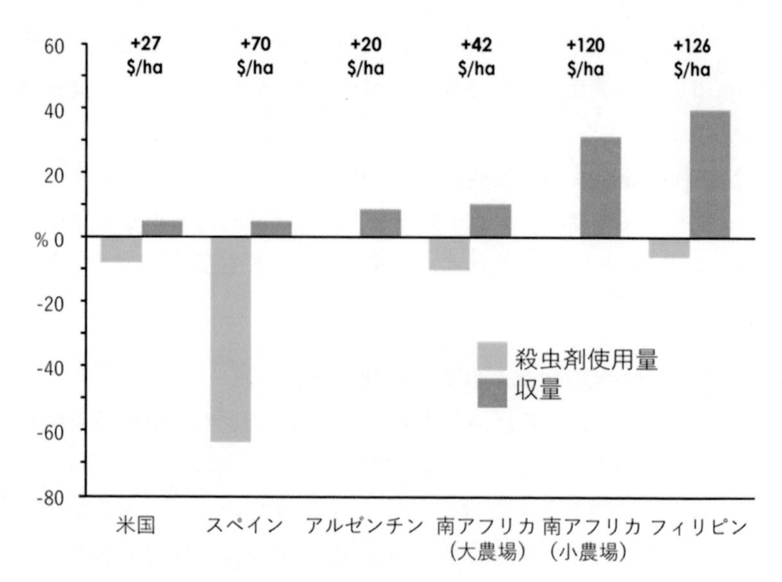

7.1. 5か国におけるBtトウモロコシ導入後の収量、殺虫剤の使用、生産者の利益の変化。Qaim(2014)

	インド	中国	パキスタン	南アフリカ	ブルキナファソ	メキシコ	米国
殺虫剤使用量	-41%	-65%	-21%	-33%	-66%	-77%	-36%
収穫量	+37%	+24%	+28%	+22%	+22%	+9%	+10%
利益/ha	+$135	+$470	+$504	+$91	+$80	+$295	+$58

7.2. 7 か国で Bt ワタを導入した後の殺虫剤の使用量、収量、生産者の利益の変化。Qaim(2014)

インド、中国、パキスタン、南アフリカ、ブルキナファソ、メキシコ、米国における Bt ワタは、Bt トウモロコシの導入よりも劇的な導入効果をもたらしました。収益性は 1 ヘクタールあたり 12,000～75,000 円ほど増加し、以前は害虫を防除する余裕がなかった最貧国で最大の利益をもたらしました。

主な事業者と利害関係者が受ける利益も推定されています。例えば、除草剤耐性ダイズの導入による経済効果は、農家、消費者までを含むフードチェーン、および種子供給者（Monsanto社）について試算されました。除草剤耐性ダイズの栽培は、2010年時点において全世界で約4,000億円の節約になると推定されました。その約半分はフードチェーンの関係者と消費者の利益となり、残りの半分はダイズ生産者とMonsantoにほぼ均等に分配されます。ただし、試算との明らかな違いもありました。たとえば、Monsantoはこのダイズの導入によって、米国において最も多くの収入を得ました(57%)が、南米では農家がほぼすべての付加価値(86%)を受け取りました。この違いは主に、強力な米国特許法によるものです。平均としては、GM作物を採用した農家では利益が69%増加しました。

地域	利益（百万ドル）	利益配分		
		生産者	貿易、企業、消費者	Monsanto
全世界	2,836	28%	50%	22%
米国	838	21%	22%	57%
南米	1,536	86%	5%	9%
米南米以外	435	-34%	134%	0%

7.3.除草剤耐性ダイズの栽培における事業者間の利益配分。詳細は、本文を参照してください。QaimおよびTraxler(2005)を2010年時点に更新

対照的に、「世界の他の地域」、つまりEUなど除草剤耐性ダイズが栽培されていない地域では、ダイズ生産者の推定利益は平均で 34%減少しています。これは、米国と南米での大規模栽培に伴う世界市場価格の下落によるものです。フードチェーンの代理店と消費者は、節約全体(年間推定約 650 億円)と生産者の経済的損失(その 34%)という大きな利益を得ました。これはヨーロッパに大きな影響を与えています。EU の家畜に供給されるタンパク質飼料の 70%以上が輸入され、ダイズに独占されているためヨーロッパでの飼料生産では採算が取れないのです。輸出国でのダイズ生産がより効率的になったため、ヨーロッパや日本の消費者はより安い肉と牛乳を手に入れることが

できるようになりました。

日本ではGM作物はほとんど栽培されていませんが、年間数千万トンのGM作物を輸入しています。東京大学本間正義教授らの調査した2016年の報告によると、日本に輸入されるGMダイズおよびGMトウモロコシにより、1兆8,000億〜4兆4,000億円のGDPが生み出されています。これは、日本のGDPの約0.93%に相当します。所得に換算すると、1世帯当たり年間約25,000〜60,000円の所得増加に貢献しています。仮にこれらの輸入を停止した場合、国産トウモロコシの価格は約2.5倍、国産ダイズは約1.9倍、国産の鶏肉、卵は約2倍、国産動植物油脂は約1.9倍になると試算しています。

農業開発を推進しているのは誰でしょうか？

GM植物に関する議論には、一般市民の意見も反映されています。多くの人々がGM技術に反対する最大の理由は、食料生産に対する多国籍企業の力と個々の農家が栽培する品種の選択との関係です。しかし、いくつかの大企業がGM種子市場で懸念されるほど大きなシェアを獲得した主な理由は、技術導入の負担が非常に大きいためです。

公的植物育種機関や中小企業は、大企業と競合する品種を育成し、時として独占を打破する技術的能力を持っていますが、コストが財源をはるかに超えているため、GM技術を導入できません。このことで、実施事業者が非常に少ないためGM技術が受容されず、GM技術が受容されないため新規事業者も参入できないというジレンマに陥っています。

公的植物育種事業の前提は、国民に利益をもたらす作物を育成することです。これは、農家が毎年種子を購入しない多年生作物のように、種子会社が開発することを躊躇する作物に当てはまります（第5章を参照）。しかし、多年生作物でGM品種の市場承認を取得することは、非常に費用がかかり、リスクが高いため、他の誰も試みることはありません。この状況は製薬業界も同じで、臨床試験のコストが非常に高いため、大量に販売できる医薬品を開発することだけが企業の利益となります。世界の貧しい地域の人々に影響を与えるマラリアなどの病気、または短期間だけ服用する必要がある抗生物質などの薬は、商業的に存続する可能性は低くなります。薬の場合、副作用が評価される前に薬が市場に出ることは望まれないため、このような薬品の開発は難しくなります。GM植物の場合、状況は逆です。科学的な不確実性はなく、一般的な手法で育成された品種よりリスクが高いか低いかにかかわらず、非常に厳しい規制の対象となります。

社会は、殺虫剤の使用、二酸化炭素排出量、湖や小川への肥料漏出の制限など、農業開発の目標を設定できます。社会はまた、これらの目標を達成するための植物品種開発のための資金を提供することもできます。遺伝子組換え技術の規制を合理的にして、適切で科学的に正確なリスク評価に従って市場承認すれば、目的は容易に達成されるとみられます。

誰が実際に農業開発の良しあしを決めているのかわからないと、疑念が生じやすくなります。政府への不信感は、人々が無力だと感じたときにも生じます。GM植物への抵抗は、大規模経済と大企業への抵抗として定式化されているため、しばしば「保守派の議論」と見なされます.

逆にこの抵抗は反対の効果をもたらしています。ここ数十年における世界の種子会社の寡占化は、トウモロコシ、ダイズ、およびワタ市場の独占的利益によって加速されました。しかも、GM品種は、害虫に対する抵抗性など、生産者が要求する形質を提供してきたのです。

規制を決めるのは誰ですか？

GM植物に関する規制を誰が決めるかは複雑です。多くの国では、農業または環境当局が野外試験を許可する権限を持っています。EUでこの規制は農業問題とは見なされておらず、健康食品安全委員会によって対処されています。このため、すべての市場導入決定はEUレベルで行われ、常任委員会の専門家の過半数によって決定されなければなりません。ただし、過去10年間において、GM植物の使用に反対した少数の加盟国が、政治的な理由で許可を妨害した可能性があります(第6章と第8章を参照)。これらの決定の背後に科学的ではなく政治的な議論があるため、EUの意思決定の原則の1つと矛盾します。つまり、決定は科学的に正確なリスク評価に基づくべきであるということです。この問題は、科学の信頼性と公の議論における科学の役割を侵害しています。

日本でGM作物の栽培や、食用や飼料用として輸入や流通が行われるためには、日本の環境に影響を及ぼす可能性が無いことを科学的に評価する必要があり、農林水産省および環境省に申請が必要です。さらに食品として利用するためには、消費者庁や厚生労働省が所管する食品衛生法および食品安全基本法に基づく安全性評価を受ける必要があります。さらに、飼料としての安全性は、農林水産省によって「家畜に対する安全性」と「畜産物の人に対する安全性」の二つの側面から審査されます。このように利用のしかたによって、所轄官庁は異なっていますが、GM作物はほとんど栽培されていないので、実際には輸入作物に関する規制が主体です。

世界全体で見た場合のもう1つの問題は、EUなどでの決定が他の地域に大きな影響を与える可能性があることです。EUがアルゼンチンからの特定の種類のGMダイズの輸入を許可しない場合、現地での栽培はできなくなります。これは、輸入ダイズが承認されない少量のGMダイズによって「汚染」された場合、欧州市場向けのダイズの全量が返品される可能性があるためです。この経済リスクのため、アルゼンチンはEUで承認されていない品種の栽培を避けるようになりました。同様に、インドの公的植物育種事業は、ボイコットのリスクを避けるために、EUに輸出される作物にGM技術を使用することを避けている一方、国内用の作物にはGM技術を広く使用しています。アフリカの大部分の地域では、ヨーロッパは重要な輸出市場です。このため、EUがGM作物を使用してはならないとした場合、その結果は明らかです。GM作物は、農産物の輸出に対するリスクを回避するために栽培できません。アフリカでは、このような方法で開発を妨げるEUの道徳的権利に疑問を投げかける意見が強まっています。また、アフリカの公的研究機関で進行中の、キャッサバ、調理用バナナ、ヒヨコマメなどの伝統的な主食作物の虫害抵抗性GM品種の開発にも、懸念すべき問題が生じています。

7.4.キャッサバ、調理用バナナ、ヒヨコマメ。公的機関のアフリカの研究者が生産したGM品種は、EUに輸出されたことはありますか？写真：ウィキメディアコモンズ

規制に関するもう1つの問題は、近隣圃場での栽培に関するものです。EUで栽培許可されているGMトウモロコシは、GM花粉が有機トウモロコシに受粉すると、有機認証が無効になるので、有機栽培から十分に離れている必要があります。また、有機蜂蜜の生産に使用される蜂の巣からも十分に離れている必要があり、GM花粉の含有量が0.9%を超えてはなりません。このヨーロッパの認証は、アルゼンチンのハチミツがEUに輸出されているため、アルゼンチンでの栽培にも影響を与えます。アルゼンチンの耕作者はこのことを驚きをもって表現しました。「理由がわかりません。私がGM作物を栽培していて、私の花粉が隣人の畑に飛んだのなら、それは私のせいですが、隣人のミツバチが花粉を集めるために私の畑に飛んでくると、それも私のせいになるのです。」有機ハチミツ生産者の利益は隣人の行動で損なわれてはなりませんが、有機ハチミツ生産者は、他の農家にEU

の基準を満たすための経費負担を要求できるでしょうか?

GM 作物は、個人や企業が結果として被る損失に対するすべての責任を伴う場合を除いて、栽培すべきでないという意見があります。責任はあらゆる事業活動において重要ですが、開発された方法に関係なく、植物栽培に適用されるべきです。特定の植物の栽培が問題を引き起こした場合、誰が責任を負うのでしょうか?農家、種子を販売した会社、または品種を開発した育種家でしょうか?また、その使用を審査して承認した当局やコミュニティの責任はどうなるのでしょうか?

GM植物は倫理的な問題を引き起こしますか?

いままでの質問の多くは道徳的および倫理的な問題に関係していますが、より純粋に倫理的な GM 植物に関する問いもあります。遺伝子組換えの有無にかかわらず、人間は植物を育種する権利がありますか?それは「神を演ずる」ことですか?私たちには、他の国の人々が農作物を自給することに干渉する権利がありますか?個々の植物育種家、小規模な植物育種会社、または大規模な多国籍企業は、品種保護または特許権を通じて、新しい品種の開発に対して報酬を受け取る権利を持っているべきですか?そうできない場合、害虫との絶え間ない戦いが失われたり、気候変動への適応が遅れたりしないように、社会はどのようにして植物の改良を継続することを保証できますか?

しかし、GM 植物に対する賛否両論のすべての倫理的議論は、これまでの技術で育種され栽培された品種にも当てはまります。さらに、GM とそれ以外の植物との間に科学的に確固たる境界線を引くことはできません。したがって、遺伝子組換えと他の植物育種技術との違いを倫理的に議論することは非常に疑わしいものです(第 3 章を参照)。倫理的信念は人々の姿勢に強く影響しますが、人々の恐怖にも大きく依存します。「未知」への恐怖は、スーパーマーケットで食料を購入する人々の遺伝子組換え技術に対する姿勢に影響を与える可能性がありますが、開発途上国の貧しい農家にとっては、昆虫が作物を食害し、飢餓が発生することへの恐怖の方がおそらくより重要でしょう。

黒か白か？GM 植物に関する議論はどのように理解されているでしょうか？

GM開発の初期段階では、多くの研究者や企業が、自分たちが提供するものについて多くのことを約束していました。これは、企業で金銭的野心を持つ者だけに当てはまるわけではありません。研究者はまた、その技術的可能性を真に発揮できる品種を開発するのにかかる時間を過小評価していました。1990年代、GM技術への抵抗が高まったとき、GM論争の当事者は、一つは業界、もう一つは環境運動家および消費者として単純化されていました。公的立場の研究者は、議論が二極化して、多くの人が業界または環境運動のいずれかと同盟を結んでいるように見えることに不快感を覚えたため、議論への参加を避けました。その間、研究は急速に進みました。公の植物科学者の大多数が研究にGM植物を使い始め、技術の潜在的なリスクが徹底的に評価され、技術の幅広い新しい用途が現れました。2000年代以降、多数の野外試験も行われましたが、EUではその頻度が大きく低下しました。この理由の一部には、多くの国が許可を停止したこと、まだ許可されていた多くの試験が停止させられたこと、担当の研究者が脅迫され、私有財産が破壊されたことなどがあります。

日本では花卉以外のGM作物の栽培はありませんが、GM作物を原料とする食品は深く浸透しています。しかし、大多数の消費者はそのことを知らず、食品に対する漠然とした不安をもっているのが実情です。また、2021年からはゲノム編集作物・ゲノム編集魚類の流通も開始しており、ますますこれらの食品の消費が拡大することが考えられます。一方で、GMおよびゲノム編集作物の栽培、食品の消費に反対する市民団体等もあり、不買行為を恐れてGM作物の栽培が進まない実態もあります。また、大学や研究機関に対しても試験栽培等を中止するよう求める事例も確認されています。しかし、EUでの議論に比べると、日本はGM作物に対する関心が低く、それがGM作物の社会的受容に対する議論が進まない一因でもあるようです。

研究者と所属組織にとっての問題は、彼らが中立であるべきであり、激しい対立のいずれかの側にいると見られることを好まないことです。同様に、研究者団体は、信頼を失うためロビー活動をすることはできません。したがって、戦いの場は、キャンペーンを実行する力と資金を持っている人々に開放されたままになっています。一方は業界、もう一方は環境団体です。これにより、グループは白黒で単純に対立し、ジャーナリストはニュースの提供者としてだけでなく、利益相反する対立グループ間の競技の審判として行動します。これは票数で判断する勝負には良いかもしれませんが、GM問題の解決を妨げます。「GMに賛成か反対か」という議論でおそらく対立が深まりました。これには問題があります。なぜなら、EUの一般市民が、業界と環境運動の間の争いであると認識した場合、多くの人が問題をほとんど深く考慮せずに、自動的に環境運動に味方する可能性があるからです。逆に、革新派やビジネス志向の一般市民は、本能的に業界に味方するかもしれません。

ここ数年で、いくつかの変化がありました。研究コミュニティは、GM 植物の長所と短所に関する科学的知識を広めることを続けており、特定の環境団体がこの技術を断固として却下する動機について疑問を投げかけています。まだまだ二極化が解消されていないとはいえ、特に急速に進歩している分野については、科学的知見が豊富に蓄積されており、技術的に複雑な側面については研究者の声を聞くことが不可欠です。

8.国際展望

私たちは、優れた種子や高度な農業技術を輸出するのではなく、優秀な研究者の輸出に取り組んでいます。

ドイツ科学アカデミー（2014）

世界におけるGM作物の栽培

最初のGM作物であるトマト「FlavrSavr」とウイルス耐性タバコの商業栽培が1990年代初頭に始まって以来、世界の農業で使用されるGM作物の割合は着実に増加しています。2019年、GM作物は世界で1億9千万ヘクタール栽培され（図8.1）、これは世界の農地面積の10パーセント以上に相当します。GM作物が栽培されてから約25年が経つと、世界全体でのべ約21億ヘクタールで栽培されました。英国の圃場の総面積は約340万ヘクタールで、GM作物が毎年栽培される世界の総面積の2パーセント未満にすぎません。

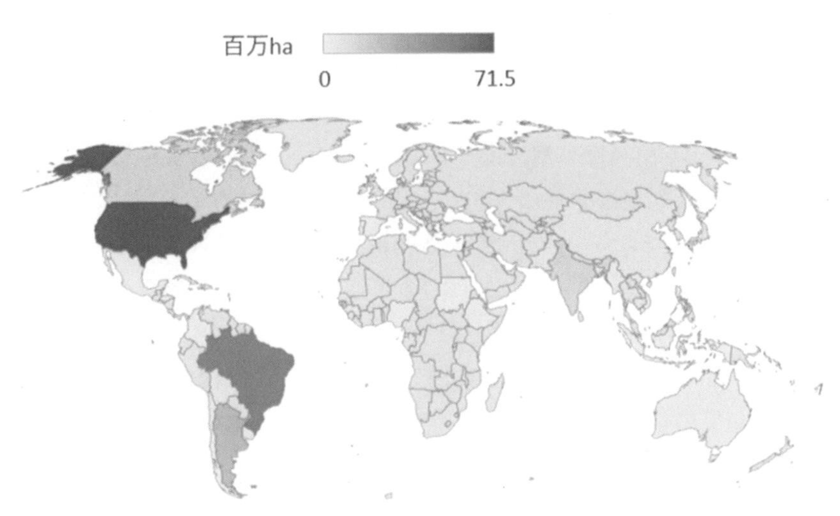

8.1.2019年の全29か国でのGM作物の栽培面積。ISAAA（2019）

2019年、GM作物は29か国で栽培されました。最大の栽培面積は米国で、ブラジル、アルゼンチン、カナダ、インドが続きます。その他に栽培が多いのは、パラグアイ、パキスタン、中国、南アフリカです。2011年以降、開発途上国では先進国よりも広い地域でGM作物が栽培されています。

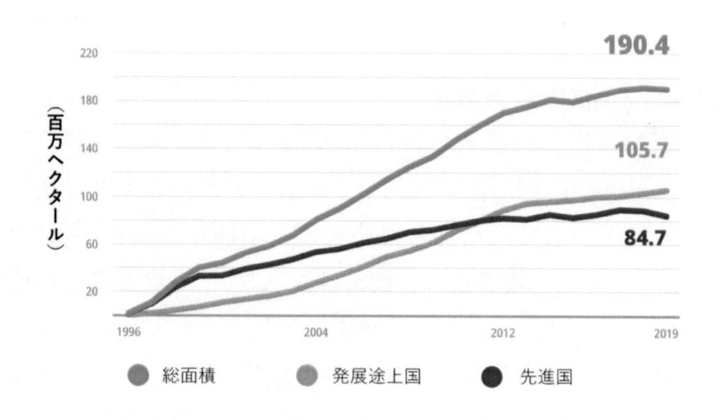

8.2.1996～2019年のGM作物の栽培面積。ISAAA(2019)

多く栽培されているGM作物は、ワタ、ダイズ、トウモロコシ、ナタネです(8.3上図)。GMダイズは、2019年に世界のダイズ栽培総面積の74%で使用されました。また、栽培面積に占めるワタ、トウモロコシ、ナタネGM品種の割合は、それぞれ79%、31%、27%でした。GM品種の導入効果は非常に大きく、栽培が増加し続けています（8.3下図）。これまでに栽培されたGM作物に導入された特性のほとんどは、除草剤耐性(ht)と虫害抵抗性(Bt)の単独使用またはその組合せです。

GM 作物は少数の改変された特性を持ついくつかの種類が主体ですが、他の GM 作物種や異なる特性を持つ GM 作物の割合が急速に増加しています。2018 年に商業的に栽培された他の GM 作物には、カボチャ、パパイヤ、アルファルファ、テンサイ、ナス、ポプラ、パイナップルがあります。

これに対して、現在EU で栽培が承認されているGM作物は1つだけで、害虫のヨーロッパアワノメイガに耐性があるMON810 というトウモロコシ品種です。気候の異なる地域で栽培するために、MON810の耐性は他の品種にも導入されています。2013年12月末、EU の農業植物の共通カタログには、MON810に由来する226の品種がありました。2017年に耐虫性トウモロコシが栽培された面積(約 132,000ヘクタール、前年から4%減少)のうち 95%がスペインで、残りの 5%がポルトガルでした。また、チェコとスロバキアは現在、GM 作物の栽培を中止しています。

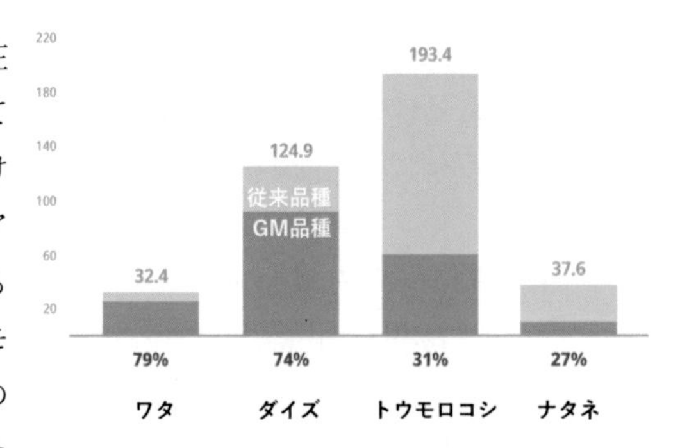

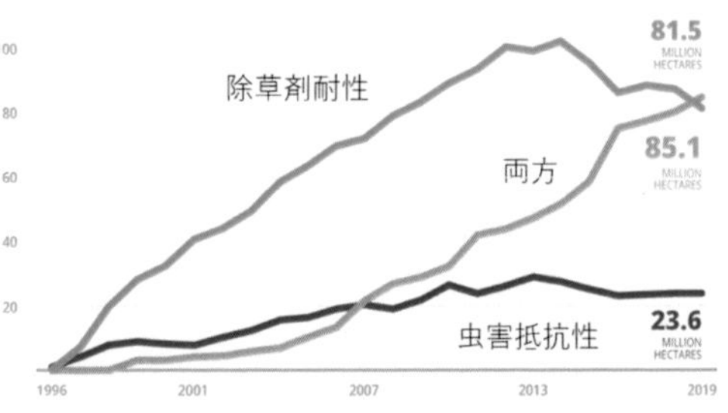

8.3.ダイズ、ワタ、トウモロコシ、ナタネの4つの主要なGM作物のうち2019年に栽培されたGM品種の面積（百万ha）（上図）。これらの商業的に栽培されているGM作物の主な導入された特徴は、依然として除草剤耐性と耐虫性です（下図）。ISAAA（2019）

スウェーデンの会社 Svalöf Weibull が開発した、改変デンプンを生産するジャガイモ品種「Amflora」もありましたが、すでにライセンス切れになっています。

このように、スペインとポルトガルを除くすべての EU 加盟国は、国際的な GM 作物開発への参加を控えることを選択しました。EU とその他の地域の状況は劇的に異なります。

日本においては、商業的に栽培されている GM 作物はほとんどありません。例外的に青いバラやイヌ歯周病に対する治療薬としてインターフェロン-α生産イチゴなどの GM 植物が栽培されていますが、ヒトの口に入る作物は実際には栽培されていません。

上述のように GM 作物は、先進国より発展途上国でやや広い面積で栽培されていますが、栽培に使用される地域には先進国と同様に発展途上国の間に大きな違いがあります。

GM 作物は、2017 年にアジアの 8 か国で、ほとんどが国内消費用に栽培されました。耐虫性の Bt ワタは、中国、インド、パキスタン(それぞれ 100 万ヘクタール以上)とミャンマーで栽培されました。Bt ナスはバングラデシュで、Bt または ht(除草剤耐性)トウモロコシはフィリピンとベトナムの両方で栽培されました。Bt ワタは、インドの約 700 万の小規模農家によって 1,000 万ヘクタール以上で栽培されました。これはインドの綿花生産全体の 93%を占めています。

長年にわたって、アフリカ諸国は、遺伝子組換え作物の栽培が非常に限られているという点で、発展途上国の中でありながら、先進国の中での EU の立場と同等の立場を保っていました。例えば、2017 年に GM 作物が栽培された 1 億 9 千万ヘクタールのうち、アフリカで栽培されたのは 290 万ヘクタール（1.5%）だけで、しかも南アフリカとスーダンの 2 カ国のみでした。しかし、これらの国々では、GM 作物が世界の他の地域と同様に大きな効果を示しました。現在、南アフリカで栽培されているトウモロコシの 87%、ダイズの 92%、ワタの 100%が GM 品種です。

近年、遺伝子組換え作物に対するアフリカ諸国の事情が変わり始めています。2022 年にはさらに 3 か国（ガーナ、ケニア、ナイジェリア）が遺伝子組換え作物の栽培を承認し、さらにいくつかの国が関連法律を改正しようとしています。ちなみに 3 か国で現在栽培されている作物は、Bt ササゲです。

アフリカ情勢の変化の理由の一つは、おそらくアフリカ科学アカデミーネットワーク（NASAC）が表明した強い批判です。すなわち、NASAC は、EU の制限的な法律と政策問題に関する調整の欠如により、バイオテクノロジーの世界的進歩へのアフリカの参加が最小限に抑えられる懸念を表明したのです。

NASAC は、GM 技術がアフリカの農業にとって大きな可能性を秘めていると指摘しています。除草剤耐性（ht）作物は大規模栽培に適しているので、人手不足や雑草が特に厄介な場合を除いて、雑草を手で取り除くことが多いアフリカの小規模農家は、あまり興味を示しません。一方、Bt 作物は大規模栽培にも小規模栽培にも適しています。遺伝子組換え技術は、アフリカの農民が干ばつ、病害、虫害、養分不足などの重大な農業問題を解決する可能性があるのです。

8.4.キャッサバ、豆類、トウモロコシ、サツマイモのGM品種は、アフリカ科学アカデミーが歓迎する栄養豊富な作物例です。これら 4 作物は、アフリカ市場に導入する準備ができています。写真：ウィキメディアコモンズ

農業研究の主要な事業者の多くは、NASAC が求めている開発を支援するために大きな投資をしています。特に、ロックフェラーやビル&メリンダゲイツなどのいくつかの財団は、アフリカの農業、および国際農業研究組織 CGIAR の研究に多額の投資を行っています。

GMに関する法的規制、その適用方法と影響

GM作物に対する法的規制は、国によって大きく異なります。たとえば、米国では、さまざまな変更や運用に対する法律の継ぎ接ぎがあります。日本でも複数の省庁にまたがる規制が行われており、基本的にEUに準ずる仕組みとなっていますが、実際には輸入作物に対する規制が中心なので、大きな問題にはなっていません。これに対して、EUの規制は厳しく複雑です。大まかには、GM作物の認可には3段階のプロセスが含まれます。

最初のステップで、GM作物の承認を取得したい者(申請者)は、特に、栽培されたGM作物から野生種に遺伝子が広がる可能性について、手順に従って、関連するリスクを評価する必要があります(第6章を参照)。2番目のステップでは、このリスク評価が、EUの欧州食品安全機関(EFSA)によって任命された専門委員会に提出されます(第6章を参照)。リスク評価と独自の検討事項に基づいて、EFSAは総合的な科学的評価を食品安全と動物の健康に関する意思決定常任委員会に提出します。

規則によると、食品および動物の健康に関する常設委員会はEFSAの推奨事項を受け入れる必要があり、EUでさまざまな種類の問題を処理する多数の常設委員会は、ほとんどの場合、対応する専門機関の推奨事項に従います。ただし、これはGM作物の承認には適用されません。

規制の枠組みでは「...食品安全基準は科学的データのみに基づくべきである」と述べられていますが、一部の加盟国の政治家は一貫してEFSAの勧告に反対票を投じています（8.5）。承認には資格のある過半数（投票の2/3）が必要であるため、EUでの栽培用のGM作物を承認するプロセス全体が行き詰まっています。常任委員会の運営原則はすべてにわたって適用されるべきであり、他の委員会は科学的意思決定の規定された原則に従っていますが、GM作物の場合、それは常に否定的な立場によって却下されます。

GM作物に対するEU承認の現在のシステムは、費用と時間がかか

り、製品ではなく技術に焦点を合わせており、科学的な推奨と決定が一致しないことは不満と言わざるを得ません。

作物の品質と生産性を向上させるためには、研究開発への投資を急ぐ必要があります。しかし、植物研究に投資して知的なバイオ経済を促進しようとしても、農業革新への抵抗とうまく折り合いません。

簡単に言うと、EUの農業政策は矛盾に満ちています。一つの目的は化学農薬の使用を減らすことですが、農薬なしで作物を保護するための方法は過剰に規制されています。このため、2012年に疫病抵抗性ジャガイモを開発した会社は、ヨーロッパの条件に適合したGM作物の発売に向けた取り組みを終了すると発表しました。その結果、経済的損失、殺菌剤への継続的な依存、そして長期的には、病害の化学的防除の段階的廃止の要求が高まるにつれて、おそらく農薬を噴霧して防除したジャガイモを輸入することになります。

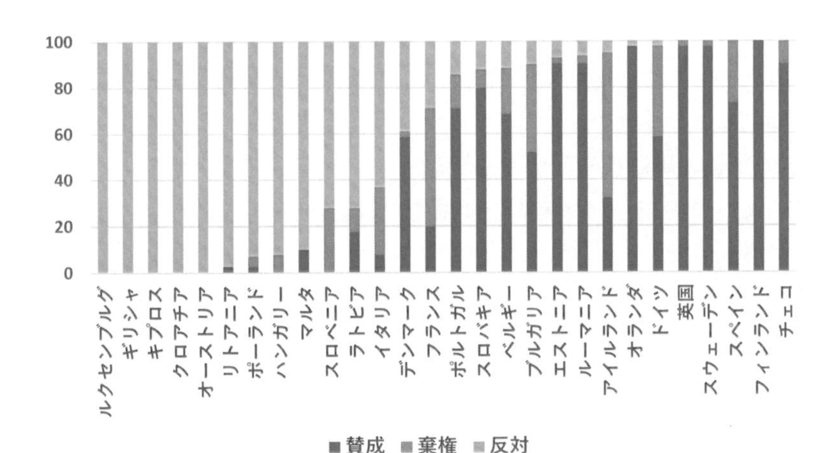

8.5.EU 加盟国は、EFSA による承認の推奨に従い、GM 製品の市場承認に対する賛成、棄権、反対を表明します。EuropaBio（2017）

ヨーロッパ科学アカデミーの提案

科学的な観点に立つオブザーバーの多くは、EUはGM作物に関する規制を変更しなければならないと主張しています。欧州科学アカデミー諮問委員会（EASAC）は、他の国際規制と互換性を持たせるために、GM法の包括的な改革を提案しました。そのため、技術から製品への焦点の変更、さらにリスクだけでなく、メリットとリスクの両方のより包括的な分析が必要です。これは、EASACの提案した多数の分野のイノベーションに関する分析に関する見解のひとつです。たとえば、ヘルスケア分野では、ユーザーの優先順位を考慮して、メリットとリスクを評価するさまざまな方法が評価されます。同様に、農業技術の規制は、社会的優先事項をより考慮に入れるべきでしょう。

EASACの見解は、公的な研究コミュニティによって一般に支持されています。2013年に公開された以下のEASACの指摘は、現在でも重要です。

•現在のEU規制により、ヨーロッパで新しいGM品種を開発する時間とコストが、平均で4年と10億円増加します。

•2011年は、統計が開始された1991年以来、EUで実施された圃場試験の数が最少でした。GM作物を使った野外試験を評価するためのシステムは、ばらつきが多く、不均衡で、過度に複雑であり、投資を大きく抑制しています。

•実地試験の破壊行為は大きな問題です。大学、企業、政府の研究機関によって実施された実験の体系的な破壊は、実地試験のコストをさらに増加させます。

•科学的リスク評価が規則に従って実施および報告された場合でも、EUでのGM作物の承認プロセスは非常に遅く、多くの場合、何年もかかります。

•過去20年間に栽培が承認されたGM作物はMON810トウモロコシのみで、その結果、農家や植物育種会社の潜在的な収入、生産性、持続可能性が大幅に失われました。

•GM作物の承認を求めるための時間と費用のかかる手続きに対処するための財源を持っているのは、大規模な育種会社だけです。公的資金による植物研究によって設立した企業と同様に、中小企業にはお勧めできません。

8.6.GM実験の破壊行為-この写真では、活動家が2014年に南フランスでGMトウモロコシの実験作物を破壊しています。写真：Pascal Pavani/AFP/TT

良い方向に政治的転換をすることで、EASACは次のような結果を予測しています。

•EUの競争力が高まる。
•世界の他の地域への悪影響のリスクが低下する。
•非食用作物でのバイオマスの生産が増加する。
•輸入農産物に強く依存しているEUの地球環境への影響が減少する。

ヨーロッパの科学的能力への影響

EASACは、本章で説明されているEUのGM植物に対する姿勢と取組み方は、研究開発を著しく妨げるとしています。民間部門の研究資源は失われつつあり、公的部門の科学的基盤は徐々に縮小しています。ヨーロッパでは植物とバイオテクノロジーの研究が歴史的に強いにもかかわらず、農業分野で求められる需要と世界的な課題に対処するEUの能力が弱まっています。主要な農業研究機関は閉鎖されており、農業関連分野は細分化と資金の継続的な削減の両方に直面しています。欧州委員会がヨーロッパで開発したいと考えているバイオ経済を実行するための知識は不足しています。望ましい持続可能な開発を実現する能力は、研究者がEU以外の国に恒久的に流失し、バイオ産業と科学における雇用が減少しています。

EUで農業関連バイオテクノロジーが直面している問題のため、重要な研究分野で能力が失われています。英国王立協会によると、植物学、植物育種、土壌科学、植物病理学、昆虫学、雑草生物学、環境微生物学の能力は特に低いとされています。明らかに、これらの不足に対処するために、加盟国およびEUレベルで研究資金の調整が緊急に必要とされています。

また、公的植物育種の事業を改善し、学術研究とのつながりを再構築することも不可欠です。さらなる問題は、他の国々がヨーロッパで開発された技術の恩恵を受けているのに、たとえば、GM植物を開発することができないなど、基本的な分子生物学的進歩を実際に利用するヨーロッパの能力が失われていることです。

どうすればバイオ経済を構築できますか？

農業部門における競争力と科学的能力の低下に関する問題と懸念にもかかわらず、優れた科学は依然として多くのEU加盟国で実施されています。たとえば、ヨーロッパの研究開発は、次世代のバイオエネルギー生産のための基盤を提供しています。将来のバイオ経済にとっての重要な分野には、植物医薬があります。米国は、植物全体または培養植物細胞において、ワクチン接種に使用するモノクローナル抗体や薬草タンパク質を生産するなど、ヘルスケア関連の多くの分野でリードしています。植物で生産されたタンパク質には、低い生産コスト、人間の病原体から生産されず安全なこと、微生物では不可能な複雑なタンパク質を生産する能力などの利点があります。ヨーロッパはこれらの分野で競争すべきです。

新しい有機分子、タンパク質、または薬物の生産は、無数の既知の植物代謝産物のごく一部についてのみ調査されています。しかし、迅速な配列決定のための機器の進歩と合成生物科学への投資により、新規物質を発見する可能性が高まっています。これらは、ヨーロッパのバイオ経済を構築するために積極的に推進されるべきですが、イノベーションと開発を妨げている現在の規制を変更する必要があります。驚くべきことに、「食料と栄養の安全保障」の課題に対応するために策定されたEUの研究とイノベーションの政策であるFood 2030ではさまざまな分野を網羅していますが、植物育種をほぼ完全に無視しています。

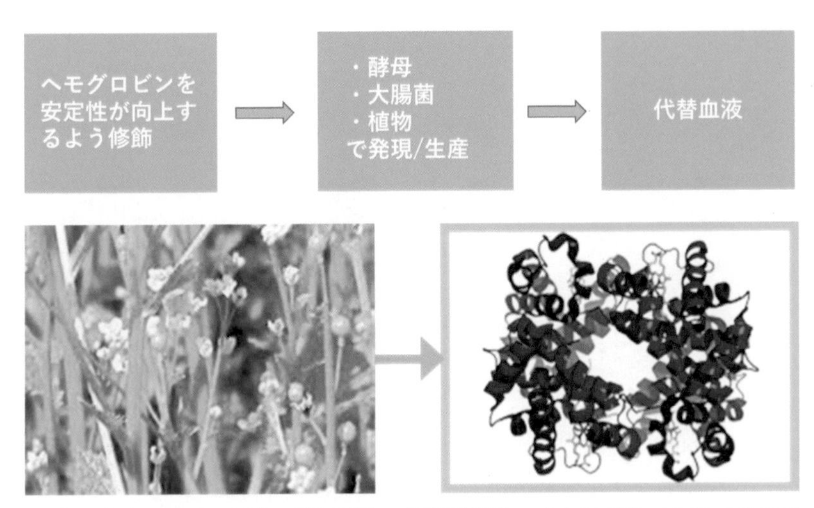

8.7.代用血液は、近い将来、酵母細胞、細菌培養物、または植物で生産できる可能性が高い薬理学的タンパク質の例です。

9.農業、育種、新技術-未来への挑戦

特に将来についての予言は難しい

「この格言は多くの作家に使われていますが、おそらく古いデンマークのことわざに由来します」

世界中で、都市化の進展、気候変動、環境問題、生活様式などが急速に変化し、これまで指摘されてきた問題に加えてあらたな問題も起きています。悲観論が広がって、問題は克服できないように見えることもあります。ただし、研究者たちは将来に向けて楽観的な見方をしています。チャンスもありそれに対する挑戦もあります。

50年後の農業と林業はどうなるでしょうか？

世界中の人類の活動は、地球の陸地、土壌、水、資源に深刻な圧力をかけています。これらの課題に対処するには、最善の知識と技術を慎重かつ賢く使う必要があります。農林業関係者が、これらの課題に対処する上で重要な役割を果たさねばならないことは明らかです。

世界各地で農業と林業がどのように発展するかは誰にもわかりません。しかし、基本的な生物現象は作物においても同じであり、作物をうまく利用するための知識は、その研究と技術開発を通じて深まることは明らかです。将来どのような作物が栽培されるにせよ、太陽光と養分を効率的に変換する植物の能力を活用する必要性が増すでしょう。私たちは、森林や畑から、より多くの食料、飼料、繊維、エネルギー、バイオ原料を取得して、高価値の製品を生産するのです。

分子生物学の強力な手法は、様々な技術に活用されます。民間および公的機関の植物育種研究では、収益性が高く持続可能な農業に貢献する特性を備えた植物が開発されています。病気に対する抵抗性、雑草との競争力、干ばつや塩分への耐性、または土壌栄養を効率的に利

用できる植物は、食料生産などより持続的な農業システムへの移行に不可欠で、実験室から実験用温室や農家の畑に移されようとしています。また、研究内容には、食品以外の業種向けの原材料を生産することを目的とした作物の用途拡大が想定されています。このため、植物育種の目標は多様化し、新しい技術開発の機会が増えています。

たとえば、多くの国の林産業は、新聞紙などの大量のバルク製品の製造から、未加工の林材で新規の高品質な製品を製造するという、需要への大きな変化に直面しています。そのため、価値の高い化学物質、新しい複合材料、より強力な紙と建材、バイオ燃料を木材から抽出する効率的な方法などを開発する必要性が生じています。このように、興味は単に一般的な生産性を向上させることから変化しています。現在の主な育種目標は、特定の目的に合わせて調整された木材を提供する、または多様な用途を持つ製品を提供する「バイオリファイナリー」として機能できる樹木を開発することです。

一方で、グリーン産業の発展のためには、現代行われている研究を適切に活用する方法を理解する必要があります。

現代の植物育種-伝統的な手法に根ざした新しい技術

メンデルがエンドウの個体数を数えて遺伝の基本法則を発見して以来、基本的な生命現象に関する知識は、バイオテクノロジー革命へと発展しました。これには変異研究、細胞学、その他遺伝学に関わる科学分野すべてが関わってきました。過去30年間、遺伝子の構造、機能、調節を研究する遺伝子科学は驚異的な速さで進歩しました。植物分野では、モデル生物、特に25,000を超えるシロイヌナズナの遺伝子機能に関する情報が得られました。たとえば、研究者は、特定の遺伝子が、植物の発芽、開花、種子の生産、休眠の開始と終了などを制御する上で重要な役割を果たしていることを発見しました。また、「ジェノミクス」と呼ばれるゲノム全体、その他の「オミクス」であるトランスクリプトミクス(遺伝子転写産物mRNAの分析)、プロテオミクス(タンパク質総体の分析)、メタボロミクス(代謝産物組成の分析)、およびメタジェノミクス(環境サンプルからの遺伝物質の分析)などの研究が進展しました。しかし、主要な栽培植物の遺伝子の研究は始まったところです。新しい知識が加わるたびに、作物の遺伝子を改変する必要性が出てきます。今日、GM技術は35年以上を経て確立されており、安全で成熟していることが証明され、コストは大幅に低下しています。現在では、家の台所や世界の最も資金の乏しい大学でさえGM植物を作製することが可能であり、育種における新しい、より洗練された技術が利用されています。

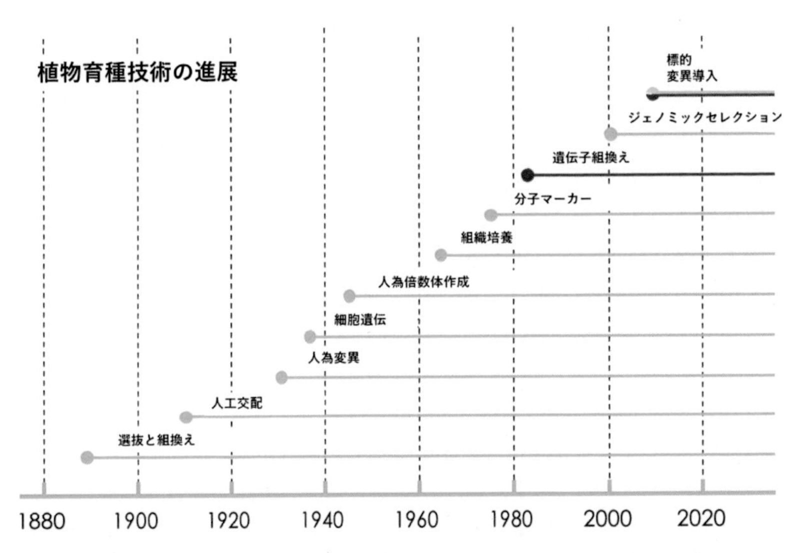

9.1.植物育種は、応用技術に基づく手法ですが科学の発展と密接に関連しています。現代の植物育種が19世紀後半に始まって以来、革新的な手法が継続的に導入され、育種の手段が充実してきました。19世紀後半に開発された選抜と交配技術は、今でも現代の育種の重要な手段です。形質転換では、GM法の範囲内にあるGM植物を開発します。ただし、標的変異を持つ植物の法的扱いは、国によって大きく異なります。

多くの革新的な考え方と研究資源が、官民を問わず新しい植物育種技術の開発に使われてきました。将来の重要な地球規模の問題に的確に対応するためには、新しい知識と技術を植物育種家の手段にする必要があります。第3章で説明したように、GM技術を妨げてきた過度のコストと法的制約を、新しい技術に押し付けることは、壊滅的な結果をもたらすでしょう。現在の開発コストは、世界的に取引される作物の市場に関心を持っている大規模な多国籍企業のみが負担できます。新しい技術を使用するためのコストは、先進国と発展途上国の両方が、中小企業や公的資金による育種事業で使用できるように十分に低く抑える必要があります。

植物育種は、常に遺伝学および関連分野の基礎研究と密接に結びついた、知識と技術に基づく行為です。そのため、科学に基づく植物育種が1世紀以上前に始まって以来、新しい技術が開発されてきましたが、古い技術が捨てられることはありませんでした。伝統的な交配と選抜の技術は、今でも育種の基礎となっています。分析手法を絶えず改良し、より高度にすることで、私たちは100年前よりもはるかに強力に植物を選抜するための道具を手に入れました。しかし、遺伝物質を変えるための古い方法と現代的な方法の境界はますます曖昧になり、規制法はもはや目的に合っていません。

遺伝学の基礎研究とその結果の植物育種への応用との間には密接な関係があるため、育種では新しい知識をすぐに利用することができます。研究の多くは公的資金の援助を受けており、その結果は出版物を通じて誰でも入手できます。しかし、近年、特に資金力のある多国籍企業による、民間研究が大幅に増加しています。その研究成果は、通常、公的研究コミュニティでは利用できないため、公共の知識の進展には貢献しません。誰もが研究結果と技術の進歩を利用するために、公的植物育種研究は、ここ数十年で大企業に奪われた地位を取り戻す必要があります。

産業構造、育種家の所有権および特許-障害かチャンスか？

植物育種は、急速な技術開発だけでなく、産業構造の変化によっても大きく変わってきました。以前、業界は安定しており、多くの場合家族経営の小規模な企業、政府の資金による研究所、および大学の育種事業によって構成されていました。1980年代の初めに、大きな変化が起こりました。化学産業が植物育種分野に参入し、小規模な企業が買収され、ライセンス供与と相互所有権が一般的になり、小規模なバイオテクノロジー企業が出現し、すぐに買収されました。このため、主に米国に拠点を置く少数の多国籍企業が生まれました。ヨーロッパの大企業は事業の全部または一部をヨーロッパから移転しましたが、中小企業や国が支援する育種プログラムはまだ数多くあり、日本も同じような状況にあります。同様の構造は、多くの発展途上国でも見られます。問題は、企業集中が続くかどうか、何社が残るかです。

財政的に強い大企業を形成する利点は、非常に費用のかかる独自の研究や技術開発に投資するリソースがあることです。したがって、彼らは開発の最前線にとどまることができます。不利な点は、製薬業界のような寡占的な企業構造が出現していることです。企業は、最高の経済的利益をもたらす特性に焦点を当てて、世界の主要な作物を育種するための目標を設定できます。厳しい規制によって、精密な研究条件、圃場試験の厳格な管理、他者の市場承認の妨害などが必要となり、深刻な影響が出ています。このため、現在新しい品種を開発して栽培の承認を得るリソースを持っているのは大企業だけです。小規模な企業や公的に支援されている育種事業の大部分は、資金不足のため、新しい技術への投資ができません。公的資金による植物育種プログラムは、大企業のような利益志向ではないため、消費者にとってより価値のある特性、より環境に優しい農業、将来の気候変動の影響を緩和することに焦点を当てることができます。しかし、公的育種は深刻な混乱に陥っています。小規模な企業は、市場に出回らない可能性のある品種の開発に、長く費用がかかる投資をする余裕がありません。多国籍企業での技術の活用が盛んなため、特に大学を含む公的育種は不利な立場にあります。また、日本の大学は遺伝子組換えを使用した植物研究が盛んですが、GM作物が栽培できないため、研究の成果を社会還元する機会はほとんどありません。さらに、研究開発はトウモロコシ、ダイズ、および中国の参入後はイネに重点を置いていますが、金銭的価値や栽培規模が比較的小さい作物は対象になりません。

新品種開発に対する補償制度は複雑です。UPOV条約と関連協定は、明確で論理的なシステムを提供しています。これらは、植物育種家が新品種を導入するために補償が支払われ、農家が自分の種を採る権利を持ち、新しい品種が研究や新しい育種活動のために(たとえば、競合他社でも)自由に利用するのに役立ちます。しかし、特許による補償制度は、特許の形態の違い、国ごとの特許法の違い、部分的に矛盾する国際協定によって複雑になっています。これらすべてが、新しい品種の承認を得る過程を長く費用のかかるものにしています。

現在の所有権の仕組み、複雑な法律、費用のかかる試験システム、不透明な特許および品種所有権システムは、費用対効果が高く、環境にやさしく、品質を重視し、合理的な農業技術を開発する機会を大きく制限しています。

リスクとリスクアセスメント-不条理な規制

ゲノム編集技術などの技術的発展により、植物育種の伝統的な手法と新しい手法(第3章で説明したバージョン1.0、2.0、および3.0)の間の境界があいまいになり、法律ではもはやそれを適切に規制できなくなりました。実用的な植物育種でまだ導入されていない他の基礎研究の進展は、さらなる複雑化を招きます。たとえば、RNAの小さな断片が植物のさまざまな部分の間を移動して、遺伝子を「離れた場所で」調節することができ、「エピジェネティックな作用」によって遺伝子発現に影響を与えることができます。一部のGM植物に穂木を接ぎ木しただけでもこの現象が発生し、DNA配列は変化せずに穂木の特性が変化します。ここでの問題は、GM台木から穂木だけを切り離して栽培しても、それがGM植物と判断されるかどうかです。

古い技術も法的問題があります。新しい技術では、果樹を繁殖する際に、台木と改良品種の接ぎ木との間の切断面で遺伝子導入が発生する可能性があることを示しています。したがって、法律が厳密に解釈される場合、それはおそらく伝統的にリンゴの木に接ぎ木されたナシの枝にも適用されるべきです。ゲノム編集された遺伝子を持つ植物の法的位置づけに関する各国の評価の違いは、現在のGM法の科学的根拠の欠陥を浮き彫りにしています。さらに、これらの進歩は法の基盤をさらに危うくしています。問題は、現在の手続きをどのように置き換えるかということです。

EUを含む現在のGM作物のリスク「予防」原則の適用は、2つの要件が常におかしいので、問題が起きます。第一に、新しい技術の使用に伴うリスクを、何もしないこと(つまり、現状維持)に伴うリスクと比較することです。第二に、リスクに関する適切な情報が得られるまでは注意が必要であるのに、その後は必要とされません。結果を判断する担当者はその結果を受け入れず、一貫してさらなる研究を要求するため、GM技術やGM植物ほど多くのリスク評価を受けている技術や技術製品はほとんどありません。したがって、「予防」原則は、無期限の遅延戦術として、依然として適用されています。

9.2.ある植物を極端に厳密に規制することは合理的ではありませんが、異なる方法で生産された同一の植物の規制に違いがあるのは非合理的です。しかし、今日のEUではそのような状況にあります。たとえば分類体系の違いにより、日本や米国でGMに分類されていない作物は、EUの国境を越えるとGMと見なされます。写真：ウィキメディアコモンズ

GM技術の使用と死

25年以上前、GM技術が多くのメリットをもたらすことが示されました。しかし、EUでは20年間、研究者や植物育種家が開発したすべ

てのGM品種の実用化を妨げることが研究結果ではなく、法律によって厳しく制約されてきました。また、日本におけるGM技術の制約はEUほど厳しくないものの、現実的には社会的受容が満たされず、GM作物はほとんど栽培されていません。ビタミンAが豊富なイネ、耐病性のジャガイモ、新しい耐虫性の作物など、さまざまな種類の作物が長い間準備されており、承認を待っています。

さまざまな理由でGM植物の市場承認を阻止したいグループは、GM植物が一種の三重ジレンマになるように、規制に影響を及ぼしました。

•批評家は、GM 植物の栽培を許可する前に、環境と消費者に真の利益をもたらすかどうかを確認したいと思っていますが、新しい品種は承認されていないため、これらの利益は実証できません。
•批評家は、GM 植物を許可する前に、リスクに関するさらなる研究を望んでいますが、ほとんどの国では、野外試験を禁止する規制により、野外でのそのような研究ができません。
•一部の批評家は、少数の企業が寡占を確立しているため、GM 植物を許可したくないと考えています。

GM 食品を購入する際の消費者の実際の行動は、消費者の疑いと一致しないことを示す研究が増えています。農業開発に関する議論への市民参加も非常に重要であり、対話と透明性を改善するためのさらなる作業が必要です。研究団体は引き続き一般の人々に情報を提供する必要があり、研究者は社会全体が理解できる方法で積極的にコミュニケーションを取る責任があります。科学アカデミーには、研究結果をレビューし、信頼できる情報源に関する明確な情報を提供するという重要な役割があります。

科学か疑惑か？

体系的な知識生産（すなわち科学）が始まって以来、農林業は科学技術の発展にしっかりと根ざし、その恩恵を受けてきました。しかし、状況は近年大きく変化しており、特に、グリーン産業の開発において科学の力が十分に活用されていません。大きな可能性を秘めた現代の植物育種は、強力な反対勢力に屈せず、政治家やその他の意思決定者を説得して、農家に新しい機会を提供する必要があります。

9.3. 植物の育種が害虫に追いつけないとき、農民は化学兵器を使うでしょう。東南アジアの果物の王様と見なされているドリアンは、*Phytophthora palmata* によって引き起こされる菌類病に襲われており、殺菌剤を注入することによって治療する必要があります（このように、タイで）。写真：Songpol Somsri

一方で、主要な政治グループが反対派と力を合わせています。反対勢力は、保護主義、農業への補助金、および有機農業で GM を排除することを掲げています。日本でも市民団体が GM 作物やゲノム編集技術に反対する運動を展開しています。経済的利益が環境問題よりも優先されるため、GM 植物に対する反対は独特です。たとえば、2013 年には、ヨーロッパの製造業者を競争から守るために、安価な中国の太陽電池に罰金関税が課されました。これは、二酸化炭素排出量を削減しようとする EU の試みを妨げています。保護主義を政治的に正当化することは常に困難ですが、GM 植物の場合、完璧な言い訳ができます。農産物の排除、または農産物への高関税は、食品の安全性と環境への配慮に対する高い要求によって正当化されます。「私たちの環境にリスクを与えるのは誰ですか?」という通商政策の側面がなければ、政治家がこれほど頑固に遺伝子工学に反対することはなかったでしょう。

以上の要因と、変化に対する本能的な抵抗と「自然でないこと」の疑念が組み合わさり、人民主義者のイデオロギーと環境保護団体への信頼と相まって、科学が突破困難な前線が形成されました。その結果として、環境にやさしくない部分的に時代遅れの農法が維持され、自家生産飼料は輸入飼料と価格競争できないため、高タンパク飼料の輸入が増加したりしました。

しかし、一部では、GM 作物の使用する権利を要求する農業団体や、そのような作物に対する大規模な環境団体の反対に疑問を呈する環境活動家の出現により、反対のかたちは変化しています。その状況は、ますます時代遅れになってきており、これには、GM 植物を定義する立法者の問題と、GM 作物の使用の増加が関わっています。最近のゲノム編集によって開発された食品についても同じような反対運動が展開されています。もう 1 つは、発展途上国における公共の植物育種プログラムによる国内向けの GM 品種の開発であり、これは多国籍企業が寡占を確立しているという議論に風穴をあけています。ただし、意思決定者が最終的に塹壕から抜け出し、GM 品種の栽培を承認するための効果的で科学的なシステムを導入する方法はまだ不明です。

そして急がねばなりません。生物学的知識の革命によってもたらされる機会を最大限に活用するためには、多くの国で関連研究を麻痺させてきた遺伝子技術の農業への応用に対する汚名を返上しなければなりません。人々は、膨大なバイオテクノロジーのチャンスを活用するために、潜在的なリスクを管理する研究コミュニティの知識と能力に自信を持たなければなりません。

遺伝子工学を取り巻く偏見を取り払い、疑いを信頼に置き換えるのに役立つ規制の枠組みを作成する方法を見つけることは、科学と社会の間の接点に潜む大きな課題です。多くの問題を提起したところで、我々は読者の皆さんとお別れすることにします。

GMOの将来
持続的農業のための科学と植物育種

2024年3月20日　初版第1刷発行

著　　者　ローランド・フォン・ボスマー
トルビョン・ファーゲルストレム
ステファン・ヤンソン
佐藤和広

発 行 所　株式会社 三恵社
〒462-0056　愛知県名古屋市北区中丸町 2-24-1
TEL.052-915-5211　FAX.052-915-5019
URL https://www.sankeisha.com

ISBN 978-4-86693-901-8 C3061